U0304226

# 给孩子讲宇宙的故事

[日] 佐藤胜彦◎著

吴曦◎译

只 为 优 质 阅 读

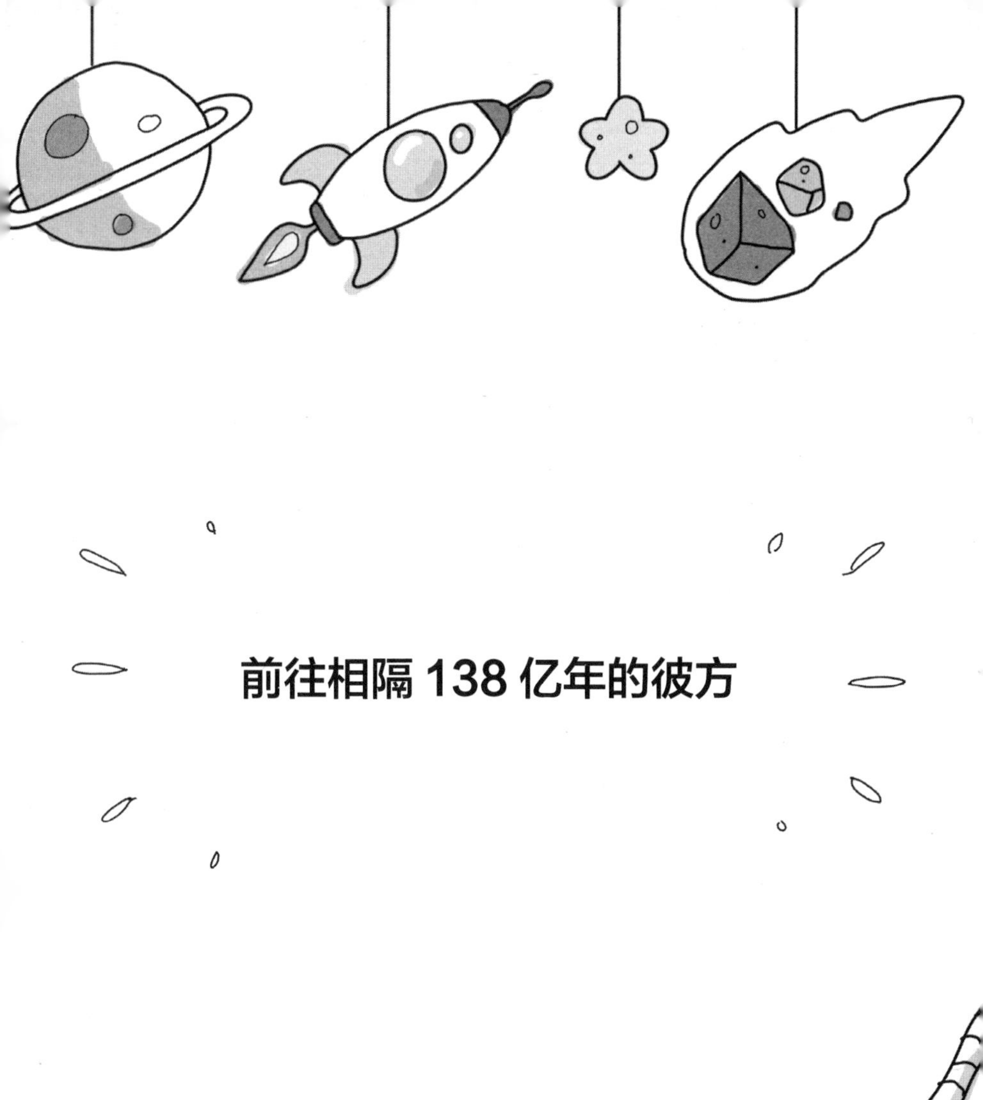

# 前往相隔 138 亿年的彼方

了解宇宙，究竟是怎么一回事呢？

比如，有一种只在夜晚盛开的花（昙花一现），即便那种花知道夜的黑暗，也不能算是了解宇宙。即便猫的瞳孔能在黑暗中发光，即便鼯鼠能在夜空中滑翔，它们与我们人类所知晓的宇宙也绝非同一事物。

“所以人类才更伟大呢！”说这句话并不是为了自吹自擂，因为我们……我们知晓宇宙的存在！而且我们是会为此欣喜地欢呼“真厉害”的一种生灵。

一般认为，宇宙是在约 138 亿年前诞生的。可是，宇宙是怎样诞生的呢？我们尚不知道答案。为了一点点接近谜团的核心，并最终解开它，全世界的科学家都在持续研究着。

  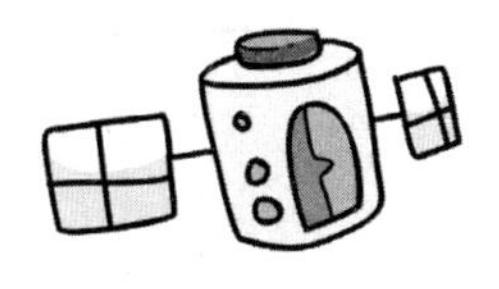

有时看似打开了一个发现的宝盒，却又被新的发现更正，甚至推翻……但那并不是徒劳，在层层积累的基础上，一点点地、一点点地，我们正在逼近宇宙的本质。

就像人类有寿命一样，太阳也有它的寿命，太阳还有大约50亿年才会寿终正寝，是相当遥远的未来了。据说当太阳燃尽之时，地球也会变成一颗死星。我们的星球总有一天会消失。

既然一切终将消失殆尽，我们就算解开了宇宙之谜又有什么意义呢？

不，不是这样的！绝不是这样的。因为我们已经知晓了宇宙。当我们知晓了宇宙的存在，就无法抑制地想要了解更多更多……

## 序章

## 宇宙为何如此富有魅力

## 欢迎来到宇宙论的世界

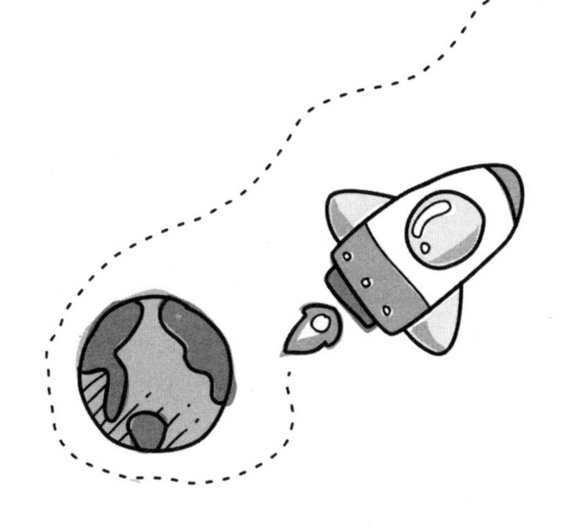

## 第 1 章

## 宇宙一直在逐渐变大

### 宇宙膨胀的发现

## 第3章

## 宇宙膨胀的速率如同“翻倍游戏”

## 暴涨理论大显身手

## 第 4 章

## 宇宙是从“虚无”中诞生的吗？

### 量子引力理论下的宇宙起源

## 第 5 章

## 是否存在无数个宇宙？

## 第二次暴涨与膜宇宙论带来的冲击

## 第6章

## 宇宙将走向何方？

### 探索宇宙的未来形态

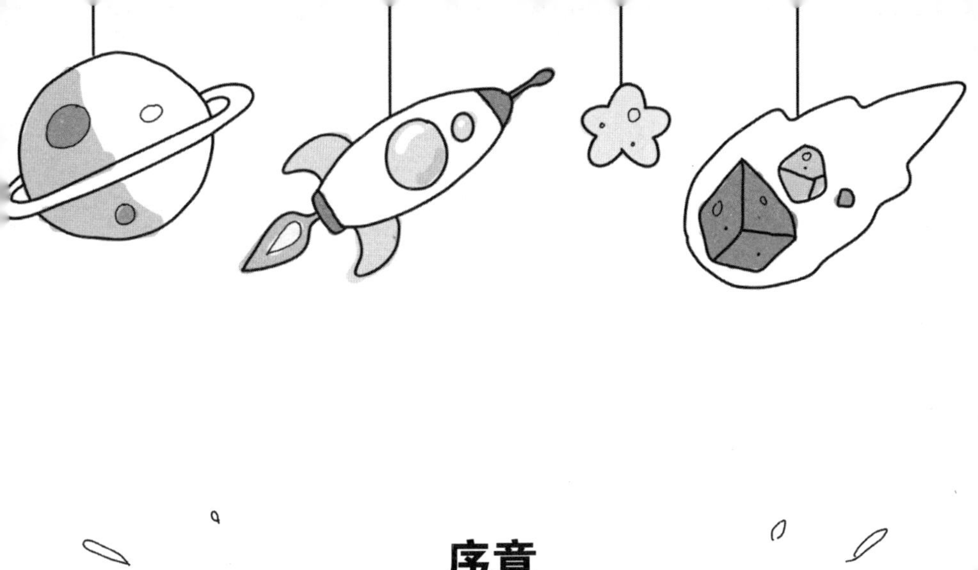

# 序章

## 宇宙为何如此富有魅力

欢迎来到宇宙论的世界

# 日食是陆地灾厄的前兆吗?

大家见过日食吗?

回答“见过!”的朋友，见到的恐怕是2012年的日食吧。

2012年5月21日早晨，太阳藏在月亮后面，只露出一圈细小的光环，形成了日环食。包括东京、名古屋、京都等大城市在内,日本列岛的大部分地区能够观测到。除此之外的地区,也能够观测到太阳大部分被遮挡的日偏食。想必有许多人都戴上了专用的日食眼镜,欣赏仿佛变作金戒指或是月牙般的太阳，不由得欢呼出声了吧。

日食是指太阳与月球、地球位于一条直线上，当从地球上进行观察时，太阳的全部或一部分隐藏在月影后的现象。今天的我们已经可以通过科学来解释日食为何会发生，也能够准确地预测在未来的何时还会发生日食。

但是，古代人不明白日食为何会发生，也不清楚何时会发生，非常恐惧日食的到来。

某一天，空中万里无云，太阳突然逐渐缺损，不一会儿就消失不见，四下暗得犹如黑夜，天空中只有星星在闪耀。太阳会不会再也不出现了呢？对于古代人来说，真不知会是多么恐怖的一件事啊。

这种恐惧感更进一步后，人们还把日食这种天变视作“地异”的前兆，认为它会给陆地上的人带来灾厄。

举例来说，日本第一位女性天皇推古天皇（飞鸟时代），据说是在日食发生四天前患病，在日食发生五天后身亡。因此，古代人认为日食带来了帝王之死，或是帝王之死的征兆。628 年 4 月 10 日发生的这次日食，公认是日本存有正式记录的最早的一次日食。

到了平安时代，根据从中国传入的历法，已经能够预测出日食将在何时发生。于是，在预报日食的当日，帝王和贵族们都会停下手头的工作，躲在屋内静待日食这一“凶事”过去。

大家一定都觉得“日食是坏事的前兆”纯粹只是一种迷信吧？当然了，我也是这么认为的。

但是，也有因为发生日食，某个行星的文明被彻底毁灭殆尽的例子。那颗行星的名字叫“拉盖什”。

# 因知晓宇宙真面目而毁灭的行星

“拉盖什”其实是一颗虚构的行星，出现在美国科幻作家艾萨克·阿西莫夫所写的科幻小说《日暮》中。

《日暮》发表于1941年，是一篇放在A6开口袋本中也仅有60页左右的短篇小说。它被公认为经典科幻名作之一，只要有科幻小说人气投票，即便在今天都能名列前茅。在宇宙论研究者中，有不少人是它的粉丝，我也不例外。在面向大众的演讲会上，我时不时就会提起《日暮》的话题。

让我们先聊聊故事梗概吧（友情提示：接下来的内容会透露一些小说情节）。

“拉盖什”居然是一颗被六个太阳围绕的行星，终日明亮，所以没有夜晚。

在大白天里望向蓝天，根本无法察觉空中还有无数星辰。因此，拉盖什星的天文学不发达，拉盖什星的居民相信六个太阳与拉盖什星就是宇宙中的所有天体，并发展出了独特的文明。

然而，天文学家艾东发表了一项研究成果，认为黑夜很快将会降临这颗行星。他声称太空中有一颗未知的行星，当仅有太阳β悬于上空时，这颗行星将遮住β，也就是将发生日食，使得拉盖什星被黑暗笼罩超过半天。那就是每 2049 年会降临一次的“拉盖什之夜”。

艾东发表的内容遭到了报社记者塞尔蒙的强烈批判。因为艾东所主张的理论，与拉盖什星上一部分邪教徒所信仰的启示录内容如出一辙，实际描述如下：

“每隔 2050 年，‘拉盖什’将堕入一个巨大的洞窟，太阳悉数消失，全世界被笼罩在黑暗中。将有‘星’横空而现，将人类变作野兽，亲手毁灭自己缔造的文明。”

最终，果真如艾东所预测的那样，太阳 β 被未知行星遮蔽，2049 年一次的黑夜到来了。出现在漆黑夜幕上的，是超过 30000 颗的闪烁的星星。艾东绝望地高呼：“我们对宇宙一无所知！”与此同时，“拉盖什”的人民因为首次体验到真正的黑暗而胆怯不已，失去了理智，为了追求光明而在城市中四处纵火。就这样，如同启示录的预言，“拉盖什”的文明在一夜间毁灭了。

# 我们对宇宙一无所知！

所幸，我们所居住的地球上每晚都有夜幕降临，所以我们从太古以来，就十分了解遍布星辰的广阔宇宙景象。

当然，就算是我们人类，在400年前还都相信“地球是宇宙中心，太阳、月亮与所有星星都围绕地球旋转”的“地心说”（天动说）。在更早先的时代，古印度人认为有三头巨象驮着地球，而象又站在巨大乌龟的甲壳之上，且这就是整个宇宙。

然而，在阿西莫夫创作出《日暮》的20世纪40年代初，人们对宇宙的理解已经相当深入。地球围绕太阳旋转的“日心说”（地动说）被公认为正确理论，成了连小孩子都明白的常识。太阳属于“银河系”这一囊括了无数恒星的集团之一员，银河系外还有许多其他星系。通过分析星星发出的光，人们还能确定星球是由什么物质构成的。此外，关于恒星燃烧的原理，早在20世纪30年代就已经探明，它是依靠恒星上的氢元素化为重元素的核聚变来燃烧的。

你可能会想“原来人类已经知晓宇宙的大部分”了吧？

事实并非如此。

1948年，有位物理学家提出了这样的新说法：

“宇宙曾处于一个超高温、超高密度的状态，也就是一个小小的‘火球宇宙’。它一边膨胀一边降温，才成为现在这样广阔又冰冷的宇宙。”

美国物理学家伽莫夫发表了如此超越常识的宇宙起源理论。

我们的宇宙曾经只是一团小小的火球——听起来就像某种神话或者宗教启示录中所描写的过往宇宙形象。全世界的天文学家都对伽莫夫的学说表示了反对。有一位著名天文学家还在广播节目里这么说道：

“按照伽莫夫所说的，宇宙仿佛是从‘轰隆’一声的大爆炸里生出来的一样，就叫它‘轰隆理论’好了。”

结果，一语言中，这种理论有了名字。“轰隆理论”=“大爆炸（Big Bang）宇宙论”。

到了今天，“大爆炸宇宙论”已经是现代的标准宇宙论。几乎所有科学家都承认“宇宙曾是个超高温的小火球”是正确的。

所以，我们没有资格去嘲笑拉盖什星人。我们也不过是在前阵子才刚刚知晓宇宙的真正形态。

现在毕竟已经是21世纪，我们或许会想：总算能昂首挺胸地说出“我们很了解宇宙”了吧？

很遗憾，事实并非如此。即使到了21世纪，宇宙中仍有许多未解之谜。我们所知晓的不过是宇宙真实形态的其中一面。

## 地球在哪里?

那么，我们对宇宙的认识究竟到了哪一步呢？在这里，就先介绍一下宇宙在空间上的相关知识吧。

大家知道地球在宇宙之中处于什么位置吗？

根据最新的观测，地球的位置如下所述。

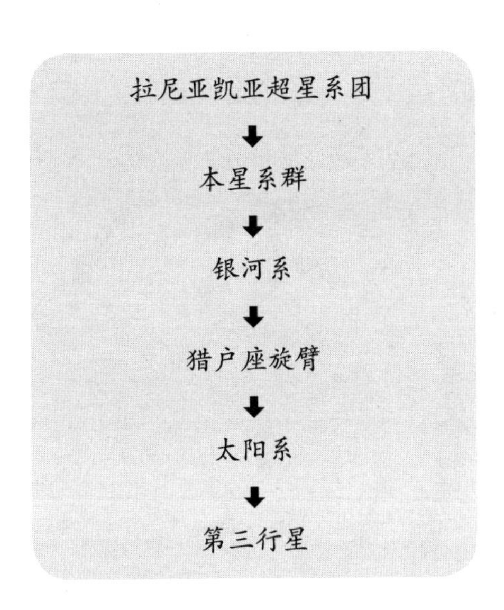


我们从下往上说明，“太阳系→第三行星”是指地球在太阳系行星中，处于靠太阳第三近的轨道上。

接下来是“银河系→猎户座旋臂”。我们的太阳系是银河系（也就是天上的银河）这个恒星大集团中的一员。据说在银河系中，像太阳这样的星球，也就是恒星，多达1000亿个。银河系呈圆盘状，圆盘的直径约10万光年（1光年指的是光在一年时间里行进的距离，约为95000亿千米）。

太阳系位于银河系中的猎户座旋臂上，距离银河系的中心约有26100光年。旋臂（Spiral Arm）是指从银河系中心伸出的卷成旋涡状的恒星密集体结构。

银河系俯视图

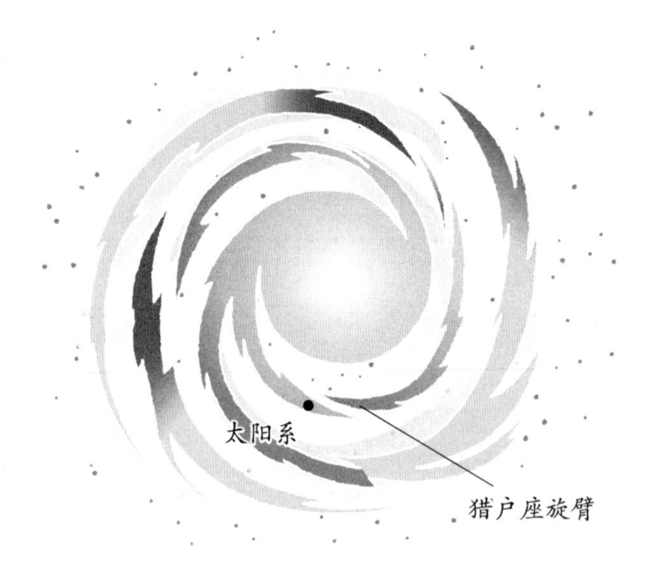

接下来看看超越银河系的范围吧。就像恒星集团组成了星系，星系也会形成集团。数十个星系在一起就成了星系群，超过 100 个被称作星系团。我们的银河系与仙女星系等一起组成了约 50 个星系的小集团——本星系群。

多个星系群或星系团组合在一起，又能形成超星系团。室女座超星系团便是以拥有 1000 多个星系的室女座星系团为中心，直径宽达 3 亿光年的超星系团。一般认为，银河系所在的本星系群位于室女座超星系团的边缘位置。

银河系侧视图

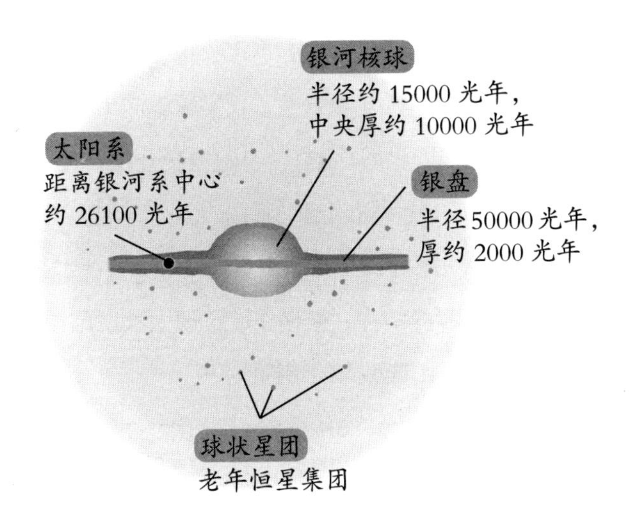

但是，在 2014 年 9 月，夏威夷大学的研究者们根据最新观测结果，发表了一种新的假说，认为我们属于某个最近才观测到的巨大星系团。研究者们用夏威夷本地语中的“广阔天空”将它命名为“拉尼亚凯亚”。它的直径为 5 亿光年，其中存在的星系数量据说有 10 万个。

话又说回来，宇宙中除了有超星系团这种密集存在着超过 10000 个星系的部分之外，还有横亘几亿光年都几乎不存在星系的领域。这样的空白领域被称作“空洞”。

从 20 世纪 80 年代起，调查星系在整个宇宙空间中是如何分布的“宇宙地图绘制”相关研究有了很大进展。从结论而言，我们了解到星系分布的图样就好像起泡的肥皂水一样。

在杯中加入少量稀释后的肥皂水，用吸管往里面吹气，杯中就会冒出许多泡泡，互相重叠。在宇宙空间中，泡泡的膜相接触的部位就存在着星系，而好几个泡泡交会在一起的部分，就会形成星系密布的星系团或超星系团。另外，泡泡内部的空气部分就相当于几乎不存在星系的空洞。

这种类似泡泡的结构，被称作宇宙的大尺度结构。我们在宇宙中还未发现有比这更大的结构。

## 宇宙的大尺度结构

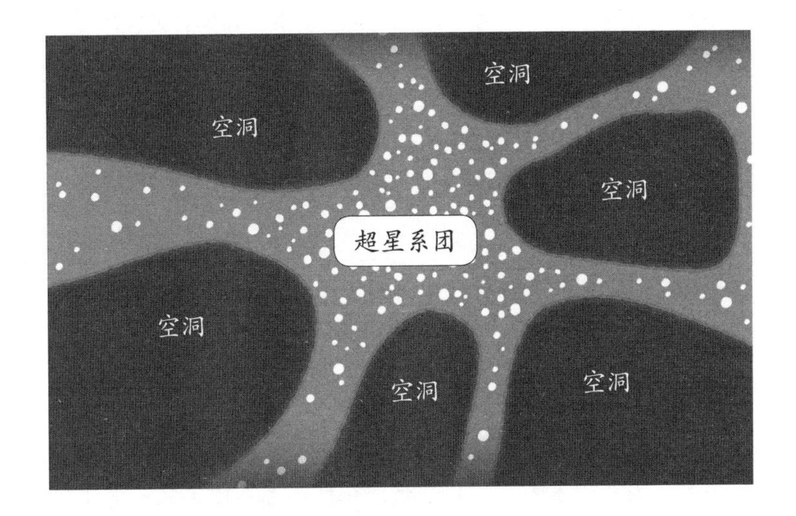


我们与已发现的最远星系之间的距离，超过130亿光年。130亿光年换算成千米的话，即为1235垓千米（参看第10页，1光年约为95000亿千米）。“兆”以上的单位是“京”，而更高一级的单位才是“垓”。我们常把特别巨大的数字称作天文数字，而宇宙中星辰、星系的数目与最远星系的距离，便是当之无愧的天文数字了。

## 观察宇宙的远方，就能看见过去的宇宙?

那么，我们对宇宙的历史又认识到哪一层了呢？我们刚才稍稍提及了“宇宙曾是个超高温小火球”的大爆炸宇宙论，那我们究竟是如何知晓宇宙过往形态的呢？

实际上，想要知晓宇宙过往的模样，是非常简单的。只要眺望远方就行了。观察远方的宇宙，就能看见宇宙过往的模样。接下来解释一下原理吧。

想要看见一个东西，就必须让物体表面反射出的光或是物体本身散发的光射进我们的眼睛里。我们平常在地球上看东西的时候，与观察对象之间的距离往往只有几米到几千米而已，而光的速度高达 30 万千米 / 秒，快到 1 秒钟就能环绕地球约 7 圈半，所以光从观察对象进入我们眼中的时间仅为一瞬间，几乎是 0 秒就到了，我们才能看到“几乎是”此时此刻的观察对象。

然而，假如把观察对象换成宇宙，情况就大不同了。

打个比方，月亮与地球之间的平均距离约为 38 万千米，所以月亮上的光传到地球上，即便是速度高达 30 万千米 / 秒的光，也要耗费一秒多的时间。也就是说，当我们在地球上赏月时，我们看到的始终是一秒多以前的月亮。我们现在看到的，是一秒多前从月亮出发的光所带来的一秒多前的月球模样。

同理，我们始终只能看到约 8 分钟前的太阳。太阳与地球之间的平均距离约为 1.5 亿千米，太阳光到达地球大约需要 8 分钟。万一太阳现在就燃烧殆尽（这是不可能发生的），我们得知这一消息也应该是约 8 分钟后。

北极星距离地球大约有 430 光年，所以我们看到的是它 430 年前的模样。如果是距离我们约 230 万光年的仙女星系，我们看到的就是它在 230 万年前的模样。

如上所述，我们望向宇宙时，见到的并不是现在的形象，而是过往的形象。我们越是往宇宙的远方看，就越能够理解宇宙的过往形态。

通过望远镜观察宇宙，见到的是过往的宇宙，这件事对于研究宇宙的学者或是天文学爱好者来说，是一个常识。恐怕也有不少人还不知道，会发出“原来如此！”的惊呼吧。实际上，望远镜就是我们探究宇宙往事的时光机。

如此这般，我们探究宇宙过往形态的原理确实很简单，但实际操作起来就没那么容易了。比如说，“宇宙曾是个超高温的小火球”就无法借助望远镜直接观察到。

那么要怎样才能理解过去的宇宙呢？

在研究地球古代历史的时候，化石能够给予我们很多线索。根据化石，我们就能查清地球上有过哪些生命，以及当初的地球环境究竟如何。

而宇宙中也是有化石的，那就是光的化石。通过调查光的化石，我们就能够知晓宇宙曾处于一个怎样的状态。

光的化石名叫“宇宙背景辐射”，它是大爆炸宇宙论的强力证据。

详情就在之后的篇章中仔细说明吧。

## “宇宙论”会告诉我们什么?

话说回来，本书的日文书名叫《14 岁开始的宇宙论》。那大家知道“宇宙论”是什么吗?

“既然是宇宙‘论’，那就是有关宇宙的理论了。”

其实宇宙论是天文学的一个分支,一言以蔽之,就是思考“宇宙整体”的学问。

一般来说，大家在遐想宇宙的时候，都会在脑海中描绘出太阳系行星或者构成星座的恒星这些具体的天体，没错吧？然而宇宙论的研究对象并不是这些个别的天体，而是广阔的宇宙整体。

“宇宙整体究竟有多么宽广，是怎样的结构呢？”

“宇宙是何时、怎样诞生的呢？”

“宇宙中的恒星、星系与各种各样的物质，究竟是怎样产生的呢？”

这些问题就是宇宙论的主题了。大爆炸宇宙论是现代宇宙论的一种标准理论，也就是所有人都相信其正确的主流理论。所以在本书中我也会详细介绍大爆炸宇宙论。

“宇宙论听上去好艰深啊，感觉很难入门。”

也许有人会这么想，但是大家在小时候有没有产生过这样的疑问呢？

“宇宙的尽头有什么呢？”

这无疑是符合宇宙论主题的一个疑问。

“说到底，宇宙到底有没有尽头呢？”

“如果有尽头的话，那尽头的另一边有什么呢？存在于尽头另一边的事物，还会有尽头吗？这样思考下去就没完没了了。”

“那么宇宙果真就没有尽头了吗？可没有尽头这种情况真的存在吗？”

…………

长大成人之后，为这些朴素的疑问感到烦恼反倒成了浪费时间，想必大家都不再去考虑宇宙尽头的事了吧。

但你想不想知道宇宙到底有没有尽头呢？

关于这个问题的详情在本书中将会详细解释，在此就先给出一个答案吧。

根据最新的宇宙论，在我们宇宙的外面，除了有长度、宽度、高度之外，还拥有另外七种方向（维度），研究者认为存在着更高维度的时空。

脑袋是不是晕乎乎的了？就是这种异想天开的宇宙论征服了研究宇宙的学者们。

## 张开想象力的翅膀，飞向宇宙吧！

接下来，简单介绍一下从第 1 章起要讲解的正文内容吧。

在第 1 章中，我们会聊聊刚发现宇宙在膨胀时的情况。宇宙膨胀的发现，不亚于哥白尼提出“日心说”，是一种宇宙观的革命性改变。毕竟就连聪明绝顶的爱因斯坦起初都不承认宇宙在膨胀呢。

在第 2 章中，我们会聊聊大爆炸宇宙论的诞生始末。伽莫夫提出“宇宙曾是个超高温火球”的主张，当初被天文学家们不屑一顾。可是由于“光的化石”偶然被发现，情况骤变。

在第 3 章中，我会主要对认为宇宙在出生后就立刻如翻倍游戏一样急剧膨胀的“暴涨理论”进行解释。大爆炸宇宙论一直以来带有的诸多疑问，据说都能够通过“初期宇宙以难以置信的速度急剧膨胀”的思路来给出解答。

在第 4 章中，我们将正式走进宇宙诞生的瞬间。其实现代的宇宙论还无法明确地说明宇宙真正的初始状态，但是依据霍金等人的假说，宇宙也许是从“虚无”中诞生的。

在第 5 章中，我要介绍的是仅在 20 多年前诞生的一种崭新的宇宙论——“膜宇宙论”，也就是上文中提到的“我们的宇宙之外还有更高维度的时空”这一惊人理论。

在第 6 章中，我们将畅想宇宙的未来。了解宇宙的过去之后，也就能预测宇宙的未来了。宇宙是会持续膨胀还是转为收缩呢？根据其发展的不同，宇宙在未来的形态也会有很大差异。

各位觉得如何呢？是不是很兴奋呢？还是说因为规模巨大，感觉有点头痛了呢？

“就算知道了宇宙的起源和未来，又有什么用呢？”

就算知晓宇宙的过去与未来，也跟我们的日常生活几乎没关系——的确如此。就算理解了宇宙整体的形象，也并不代表能够根治疾病，也没法用来赚钱，更不能填饱肚子。

但是，关于宇宙的知识，可以在你独自度过漫漫长夜时，或者度过人生的长夜时，给你带来一些帮助。我对此深信不疑。思索宇宙对人类来说，一定具有很大的意义。

因为人类是智慧生命，是“有思想的芦苇”。

人类渴望了解周遭的世界，并因此渴望了解自己，渴望了解自己与世界的关系。人类就是会如此思考的生命体。

“我们从哪里来？我们是何物？我们要往哪里去？”我认为人类终极问题的解答之一，能够从宇宙中获得。

来吧，通过这本小小的书，让大家一起张开想象力的翅膀，飞向广阔无垠的宇宙吧！

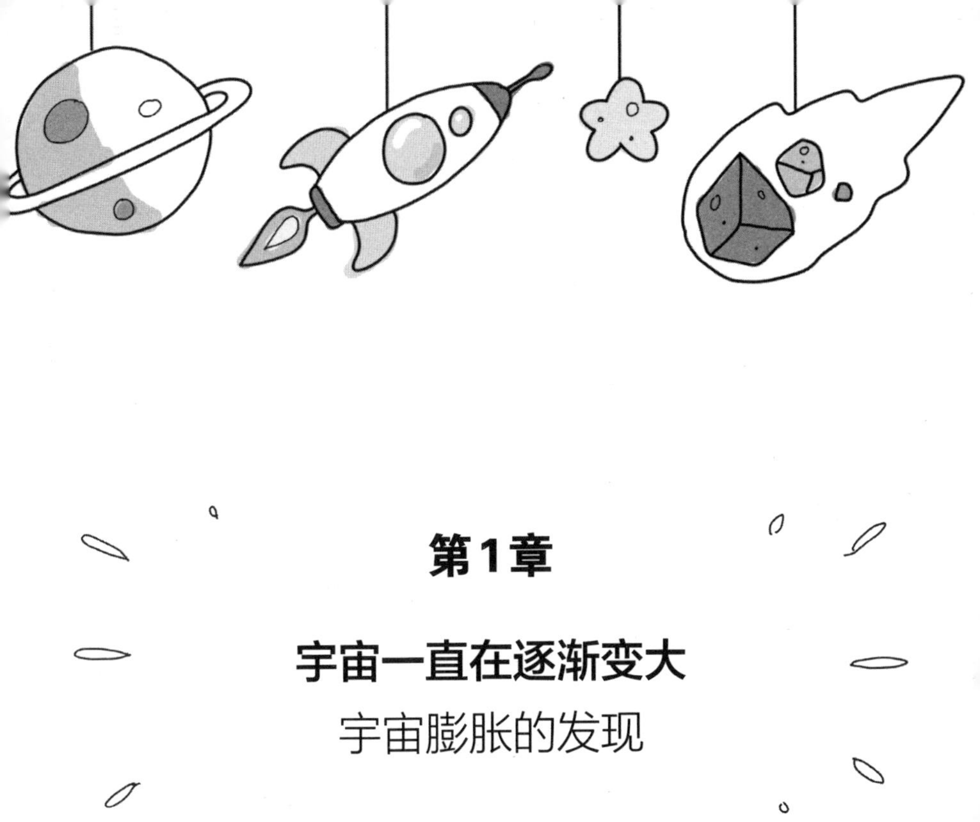

# 第1章

## 宇宙一直在逐渐变大

宇宙膨胀的发现

## 宇宙指的是“所有空间与所有时间”

从这章开始，我们终于可以正式聊一聊宇宙论了。

话说回来，大家知道“宇宙”这个词是怎么来的吗?

在中文和日文中使用的“宇宙”一词，据说来自中国古籍《淮南子》中的这句话：

“往古来今谓之宙，四方上下谓之宇。”

往古指的是过去，而来今指的是“即将到来的现在”，也就是包括当下在内的未来。因此，往古来今的含义便是“一切时间”。这就是“宙”，宙指代所有时间。

而四方上下指的是“前后左右上下”这一切的方向。也就是说，“宇”指代所有空间。

因此，“宇宙”便是将所有的空间与所有的时间合并在一起。

很多人的印象中，一说宇宙就联想到某个“空间”。所以当说到宇宙不只是空间还有时间的时候，也许会感到纳闷。

但这与现代科学中的宇宙定义是完全一致的。现代的词典中也将宇宙描述为“所存在的一切空间、时间以及其中包含的物质、能量”（引自岩波书店《岩波理化学辞典》）。

顺带一提，英语中指代宇宙的词语是“universe”或者

“cosmos”。universe 源自拉丁语，是将“一（uni）”与“旋转之物（verse）”结合而成的词语。意思是包含地球、其他行星、太阳，以及一切星辰的全部空间。cosmos 则来自古希腊语中意为秩序或协调的词语。它的反义词是 chaos（混沌）。相比 universe，cosmos 更强调“具有秩序的成体系宇宙”。宇宙论在英语中叫作“cosmology”。

英语中的“space”也有宇宙的含义。它是指“地球大气层外的空间”，经常用于表述相对较近的宇宙空间。

英语中的这些描述宇宙的词，充其量只表达了空间上的含义。相比英语，汉字“宇宙”一词囊括所有时间与所有空间，实在是个好词。

宇宙便是“所有空间与所有时间”——这个概念与第 1 章要阐述的具体内容有很大关系。

# 了解宇宙的“利器”

当人类想要探索宇宙等自然界原理的时候，就需要某些“利器”了。

了解宇宙需要用到不少利器。举个例子，望远镜。

400 多年前，意大利科学家伽利略自制了刚发明不久的望远镜，将其对准了宇宙。用望远镜首次观察宇宙的人便是伽利略。

伽利略见到的是人类首次得见的宇宙真容。

本以为是完美球体的月球上竟也有类似地球的山峦与峡谷。本以为是一条河流或是如牛奶泼洒而成的银河，竟然是无数星辰的集合体。而且发现巨大的木星周围有小星体（卫星）在绕着它旋转。伽利略将木星与卫星的关系套用在太阳与地球身上，开始相信“日心说”。

除了望远镜这样的工具能做利器之外，知识与学问等也是了解宇宙的利器。

比如说，我们可以通过分析星体上散发的光，来知晓那颗星球是由什么物质（元素）构成的。这就是以物理学的分支“光谱学”为利器来研究宇宙的方法。

在光谱学诞生之前，想要知道遥不可及的星星究竟由什么物质构成，是绝无可能的。我们曾经以为天文学就是只为制作“宇宙地图”而存在的学科，除此之外什么都做不了。随着对光的研究的逐渐发展，我们明白了物质会因构成元素的种类不同而散发出特定波长的光，那我们就可以逆推出它吸收了某些特定波长的光。利用这一原理，通过对星体散发的光进行光谱分析，就能了解遥不可及的星球是由什么物质构成的。

那么，面对宇宙的大尺度结构或者宇宙历史这些宇宙整体问题，我们又该用什么样的利器去应对呢?

答案如下：

“就以100年前诞生的‘解开时间与空间奇特性质的理论’为利器吧！”

这个理论名叫“相对论”。

想要理解宇宙论，就需要知道有关相对论的一连串知识，所以我们就先来简单聊聊相对论吧。

## 速度越快，时间流逝越缓慢——狭义相对论

“相对论”这个名称与这个伟大理论的奠基人——德国物理学家爱因斯坦的鼎鼎大名，大家应该都知道吧。不过，相对论其实有两种，知道这件事的人就相应地很少了。

两种相对论分别叫“狭义相对论”和“广义相对论”。狭义相对论于 1905 年发表，而广义相对论则是在 10 年后，1915 年至 1916 年完成的。狭义相对论是基础理论，而广义相对论是改良后更高阶的理论。

我们首先从狭义相对论的内容开始介绍吧。

用一句话来描述狭义相对论，就是解释“速度越快，时间的流逝越缓慢”的理论。

举例来说，假设有一艘以 99% 光速的速度行驶的太空船，乘坐这艘太空船在宇宙中旅行 1 年，回到地球，会发现地球上已经过去了 7 年。从地球上望去，太空船是以非常快的速度在运动，而太空船内的时间流逝得很缓慢。

速度越接近光速，时间的流逝就会变得越来越慢。“仅仅在太空中旅行几天，回到地球上就发现已经过去了几十年”这种情况甚至都可能发生。这样的现象跟日本的浦岛太郎传说很

相似，所以在日本的科幻小说中有时还被称作“浦岛效应”。

我们在序章谈到过，光的速度非常快，约高达30万千米/秒，是宇宙中最快的速度。而以我们人类的现代科技所能造出的最快的太空船，也仅能达到不足光速万分之一的速度。像这样的低速移动，几乎不会对时间产生影响。

即便如此，光是乘坐新干线列车，也会带来极其微小的时间变缓。比如说，坐新干线从东京到博多，新干线列车内的时间流逝会变慢十亿分之一秒。反过来说，新干线列车外的世界，时间会变快十亿分之一秒。

也就是说，当你到达博多站，从新干线列车上下来的时候，就已经来到了十亿分之一秒后的未来。你实现了时间旅行，到达了未来。当然了，如此微乎其微的时间旅行，你或许根本就意识不到自己已经身处未来。

## 不论在谁的眼中，光的速度都相同

速度越快，时间越慢，确实有点让人难以置信。那为什么科学家会如此主张呢？

缘由就在于光的一种奇妙性质——不论是以何种速度运动的人来观测光速，都必定会是同一数值。为什么说它奇妙呢？因为一般来说，速度会因观测者的运动状态不同而得到各种各样的观测值。

假设有一辆以 60 千米 / 时的速度行驶的列车吧。我们说的 60 千米 / 时，是指站在地面上的人所测出的速度值。如果我们坐在一辆速度为 40 千米 / 时的汽车上，与列车迎面错身而过，就会观测到列车的速度为 100 千米 / 时。就像这样，速度会因观测者的运动状态不同，而被观测出不同的数值，这也是昔日物理学的固有常识。

然而，只有光速不同。不论人在观测时处于怎样的运动状态，都必然会观测到大约 30 万千米 / 秒（准确地说，真空中的光速为 299792.458 千米 / 秒）的固定数值。20 世纪初的科学家们不知如何解释这个奇妙的现象，烦恼了很久。

爱因斯坦并不认为光速在任何人眼中都恒定是一桩怪事。他反而很坦然地接受，认为“那就是光的性质”，并以此为基础，重新审视了时间与空间的性质。

速度是移动距离除以移动时间所得到的值。因此，只要接受光速的奇特性质，也许就能够发现前人忽视的时间与空间的新性质——爱因斯坦就是这么思考的。

# 运动中的“光时钟”会变慢的原因

通过下面的例子来解释一下爱因斯坦的想法吧。

我们先来做一个 30 厘米的长筒，筒的上下方各装一片镜子，能让光在镜子之间来回往复的“光时钟”。光在 1 纳秒（十亿分之一秒）间，可以前行约 30 厘米。因此，每经过 1 纳秒，光就会在筒的内部从上往下或者从下往上移动一次，每移动一次都嘀嗒一下计数，这样的时钟就是光时钟。

实际上，凭借现代的技术，我们还做不出能将时间记录得如此精准的时钟。这只是在脑海中进行的一种思维实验。据说爱因斯坦就非常擅长这样的思维实验。

假设有个宇航员带着这个光时钟，坐上了一艘以 90% 光速行驶的太空船。我们将光时钟设置为筒的上下方向与太空船行驶方向呈完美垂直关系。

假设太空船在路过某个星球的时候，居住在那颗星球上的外星人观察到了光时钟中的情形。当光在时钟内来回往复的时候，太空船正以 90% 光速前进。因此，在外星人看来，光时钟也正以 90% 光速运动着。他们会看到时钟内部的光，正画着一道道锯齿，不停地来回反射。

正如下一页的图片所示，从外星人的视角看，从时钟内下方镜子反射出的光到达上方镜子的过程中，光移动的距离会超过 30 厘米。可是，光的速度是恒定的，在 1 纳秒中只能前进 30 厘米。也就是说，在外星人的眼中，光在筒的内部来回往复时，嘀嗒嘀嗒的每一次计时都超过了 1 纳秒。这也意味着运动中的时钟会变得缓慢。

并且，这种现象并不仅仅发生在时钟身上，任何事物只要动得越快，时间的流逝就会变得越慢。坐上超高速的太空船，连宇航员的寿命都会延长。

狭义相对论除了得出这一结论外，还发现了“速度越快，前进方向的长度就缩得越短”“速度越快，就会变得越重”等真理。著名的 $E=mc^2$ 方程式所代表的“物质内部存在庞大能量”，也能由狭义相对论来解释。这些全都是根据“光速在任何人眼中都恒定”推导出的结论，可惜本书版面有限，就忍痛割爱，不做详细说明了。

## 光时钟

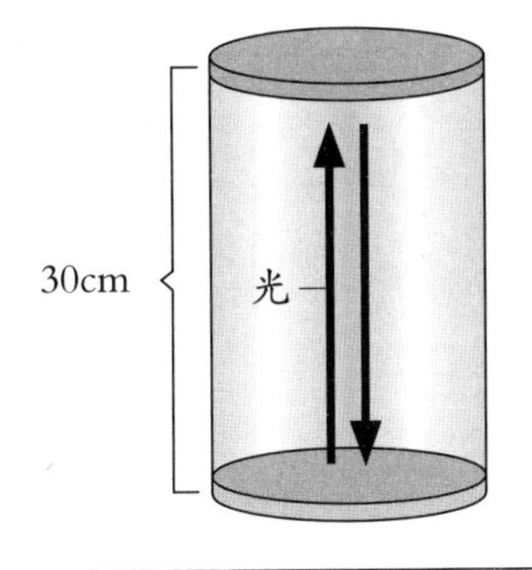


每1纳秒(十亿分之一秒)，光就在筒中移动一次，嘀嗒嘀嗒地计时。

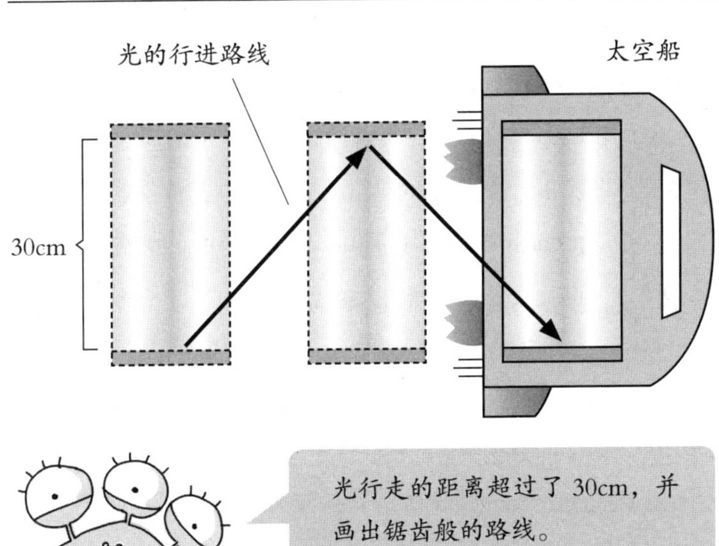


光行走的距离超过了30cm，并画出锯齿般的路线。

如果是外星人观察太空船上的光时钟，就会觉得光时钟计时的速度变慢了。

## 重的物体会扭曲空间——广义相对论

接下来要介绍的是另一个相对论——广义相对论。其实这个才是对宇宙论来说更重要的理论。

广义相对论，一言以蔽之，指的就是解释“重的物体会大幅度扭曲周遭空间与时间”的理论。

光说扭曲空间与时间，大家恐怕也不太理解是怎样一种状态吧？那就先解释一下“空间扭曲”是什么好了。

空间扭曲可以模拟成在橡胶薄膜上放了一个球的状态（请参考下页图示）。因为球的重量，橡胶膜的表面微微凹陷了下去。这个凹陷就相当于空间的扭曲。而球越重，橡胶膜的凹陷就越严重，也就代表着空间的大幅度扭曲。

接下来，我们在稍稍远离第一个球的位置再放一个球。于是橡胶膜就进一步地凹陷了。并且，第二个球还会沿橡胶膜的凹陷滚动着靠近中心，最终与第一个球靠在一起。

两个球靠在一起的动作，相当于我们称为万有引力的现象。万有引力就是空间扭曲所引发的现象。

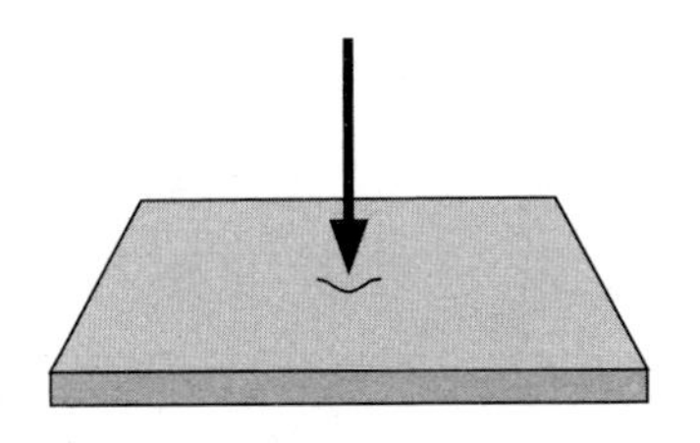

如同橡胶膜一样柔软又具有弹力的平面

（侧面视图）

没有任何物质（放在上面）时的状态

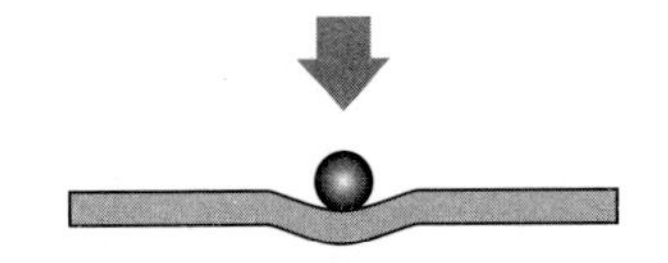

把球放上去，橡胶膜就会凹陷

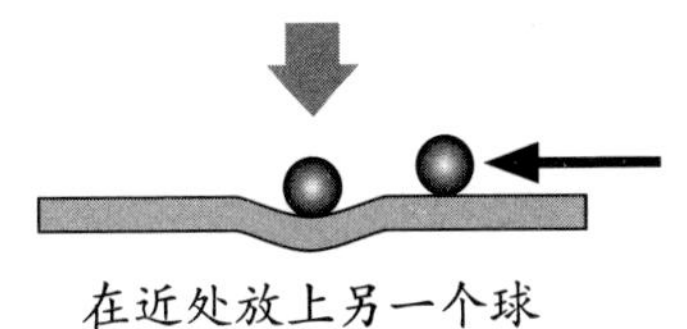

在近处放上另一个球

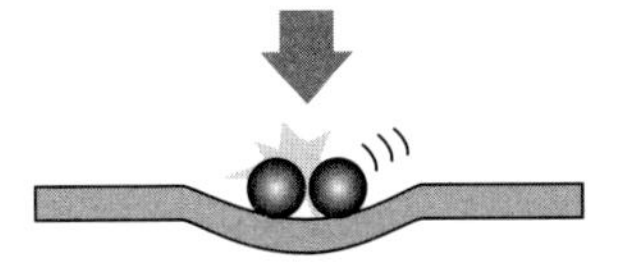

橡胶膜凹陷得更深，两个球逐渐接近并靠在一起

另外，“时间扭曲”指的就是时间流逝速度变慢。也就是说，在重物的周围，时间会变得更缓慢。因为重物周围的空间是扭曲的，引力也更强，所以也可以说“引力越强，时间流逝得越慢”。

宇宙中存在着一种叫黑洞的天体。黑洞就是非常重的星体在生命尽头引发大爆炸所形成的天体，拥有极度强大的引力。因此，我们如果身处黑洞周边，时间的流速也会变得极端缓慢。

2014 年上映的美国科幻电影《星际穿越》中有这么一个场景：主角们在黑洞附近卷入了一场事故，脱困大约花费了 3 小时。当他们终于返回时，远离黑洞的母舰上已经经过了 23 年 4 个月又 8 天，单独留在母舰上的一名机组成员已经彻底成了老人。虽说这只是科幻作品中的情节，但假若实际发生了相同状况，时间的流速就真的会变得如此缓慢。

# 多亏有相对论支持的“GPS”

相对论所解释的现象，除非在接近光速的高速运动时，或是在引力极强时，否则几乎都可以忽略不计。因此，相对论在我们的日常生活中能起到作用的情况不多。而当我们的研究对象是宇宙这么宏大的世界时，就必须充分思考相对论的影响。

不过，我们的身边其实也有一件东西需要依靠相对论的支持。那就是常用来进行导航的 GPS（Global Positioning System，全球定位系统）。

在高度约 20000 千米轨道上运转、每半天左右绕地球一周的约 30 颗 GPS 卫星，从其中的四五颗上接收无线电波信息，就能够演算出你所处的位置。汽车导航仪上的接收机获得来自 GPS 卫星的无线电波时，能通过无线电波发出和接收时刻的差异来确定汽车与 GPS 卫星之间的距离。由于 GPS 卫星的位置是精准已知的，根据这些信息就能通过计算来求得自身当前所处位置。

GPS 卫星在高度 20000 千米的上空飞快地绕地球旋转。所以，GPS 卫星上的时钟（用于记录无线电波的发出时刻）首先就要受狭义相对论中“速度越快，时间流速越缓慢”的影响，走得比地面上的时钟慢。另外，广义相对论又说“引力越强，时间流速越缓慢”。地球重力带来的影响当然是空中小于地面，所以位于上空的 GPS 卫星时钟又反过来比地面上的时钟走得快一些。

结果，GPS 卫星上的时钟，在结合了运动与重力这二者的影响后，时间流速上确实产生了变化。具体来说，GPS 卫星上的时钟相比地面上的时钟，每天要快 38 微秒（百万分之三十八秒）。

大家或许会认为这是极其微小的误差，但它不容忽视。原因就是无线电波与光一样，也以约 30 万千米 / 秒的速度前行。如果不做修正，就代表着位置的测定结果每天都要偏差 11 千米。这样的话 GPS 就根本不管用了。因此，GPS 卫星上的时钟必须仔细进行修正，确保每天都要比地面上的时钟慢 38 微秒。

我在前文中写了“相对论在日常生活中能起到作用的情况不多”。可是，当想起现代生活就是靠 GPS 这样的科技支撑起来的时候，也可以说相对论就是我们每日生活中不可或缺之理论呢。

## 爱因斯坦的宇宙模型

久等了。我们现在终于获得了相对论这个强大的利器。让我们使用这个利器来尝试解决整个宇宙的问题吧。

根据广义相对论，只要有东西（物质）存在，它周围的时空（将时间与空间归纳为一体）就会扭曲。物质越重，时空就扭曲得越严重。

在这里，让我们把视角转向宇宙。在宇宙中，存在着无数的恒星集团（星系）与星系集团（星系团）。如果把宇宙视作空间（时空），把星系与星系团视作物质，就能够利用广义相对论来探究宇宙与位于其中的星系及星系团等物质之间的关系了。这么一来，我们就能够探究作为“内容物”的星系及星系团会给作为“填充物”的宇宙整体带来怎样的影响了。

广义相对论发表之后，爱因斯坦就立刻根据自己创造的理论，对宇宙整体的情况进行了思考。于是乎，出现了一个未曾设想的答案，那就是“宇宙的大小在持续变化”。

根据广义相对论尝试进行计算，会发现宇宙空间会因宇宙内部的物质重量而发生扭曲。结果会导致宇宙整体的大小产生变化。星系及星系团等物质的数量多的时候，宇宙就会收缩。相反，物质数量少的时候，宇宙就会膨胀。

可是当初没有人认为宇宙的大小会变化。就连爱因斯坦也曾经坚信宇宙的大小是不会变的，会保持恒定。

几经烦恼的爱因斯坦又在广义相对论的方程式上做了改动，使宇宙空间拥有了“斥力（排斥的力）”。这样一来，物质之间虽然会因为引力而互相吸引，却又因为空间有反推引力的斥力存在，使得宇宙整体的大小保持了恒定。

然而，并没有观测证据来佐证宇宙空间中存在斥力作用。于是爱因斯坦又将斥力值调整到很小的程度。这样一来，太阳系或银河系级别的空间中，就几乎没有斥力影响，只有到了几亿光年的规模才会产生斥力效果，便与观测结果不再相互矛盾了。

1917 年，爱因斯坦根据修改后的方程式，发表了“宇宙保持固定大小”及“宇宙永恒不变”等学说。这被称作“爱因斯坦宇宙模型”。此外，修改后的方程式中，宇宙空间有斥力作用的部分被称作“宇宙常数”。

引力场方程式

（广义相对论的基础等式）

$$R\mu\nu - \frac{1}{2}g\mu\nu R = \frac{8\pi G}{c^4}T\mu\nu$$

改良

$$R\mu\nu - \frac{1}{2}g\mu\nu R + \Lambda g\mu\nu = \frac{8\pi G}{c^4}T\mu\nu$$

宇宙常数

（斥力发生作用）

## 反对爱因斯坦学说的科学家们

爱因斯坦为了圆上个人观点“宇宙大小恒定不变”，从而修改了他自己的理论。但当时自然没有观测结果证明宇宙的大小是在变化的。究竟应该坚信理论来预言尚未观测到的现象，还是应该修改理论去迎合现象呢？这全都取决于科学家的直觉、能力，乃至哲学思想。捏造实验或观测结果，是科学家绝对不可为之事，但爱因斯坦是个理论家，他修改自己的理论，并不需要受任何指责。当然，从结果而言，爱因斯坦并没有亲自预言宇宙膨胀，在这点上算是失误了。

“爱因斯坦宇宙模型”是非常不稳定的，就好比在山顶上放了个小球，然后坚称“这个球很稳定”。如果有一点风吹草动，这球就会立刻滚落。球的滚落相当于宇宙的膨胀或收缩。爱因斯坦本人一定也很明白模型是多么不稳定，他又为什么会满足于这样的模型呢？这一点很令人费解。

况且当时已经有反对爱因斯坦学说的科学家了。他们就是俄国数学家弗里德曼与比利时天文学家勒梅特。他们根据广义相对论进行了直白的思考，认为宇宙很难维持恒定的大小，得出了宇宙或是膨胀或是收缩的结论。

但是爱因斯坦并不承认他们的主张。据说爱因斯坦在国际会议上见到勒梅特时，还特地告诉他“你的想法很恼人”。

在当时，“宇宙大小恒定不变”是一个常识。爱因斯坦提出相对论并打破了关于时间与空间的常识，却又被宇宙的常识束缚住手脚，不敢相信由自己的理论直接推导出的结论，真是一桩趣事。

# 所有的星系都在离地球远去?

相对论本应是用来探索宇宙的一大利器，却又被它的创造者曲解了，情况变得有些扑朔迷离。别担心，我们还有其他利器。那就是探索宇宙时最为基础的利器——望远镜。

爱因斯坦发表宇宙模型的时候，引领全世界天文学发展的便是快速崛起的美国所主导的大型望远镜观测。在“石油大王”洛克菲勒和“钢铁大王”卡内基这些资本家巨头崭露头角之后,美国就靠他们捐赠的巨款建造了许多私设天文台。

其中之一的威尔逊山天文台，就是由卡内基等人出资，在洛杉矶以北建造的。曾使用这个天文台引以为豪的当时世界最大口径(2.5米)望远镜，每天晚上观测银河的人，便是天文学家哈勃。

哈勃对许多远方星系距地球的距离及星系的运动速度进行了研究。接着，他注意到了某个奇特的规律：“所有的星系都在运动中离地球远去。”

“而且，星系远去的速度与星系和地球间距离成正比。”

这究竟意味着什么呢?

让我们用橡胶气球做如下这个实验吧。先在吹气前的气球表面画上印记。假设正中间的A就是地球所在的位置，除此以外的印记都代表各种星系（属于其他星系团的星系）。

把气球吹大之后，所有的印记都会移动并远离点 A，并且距离点 A 越远的印记，移动幅度也越大（也就是越快）。印记远离点 A 的速度，与它们和点 A 间的距离呈现显著的比例关系。这与哈勃的发现不谋而合。

换言之，所有的星系都在离地球远去，并且它们的退行速度与星系和地球间距离成正比，也就意味着星系所在的宇宙整体，在像气球一样不断膨胀。如果各个星系都在随心所欲地运动，就绝对不可能产生如此精准的比例关系。

星系的退行速度与距离成正比，这个规律被称作“哈勃－勒梅特定律”。而正因为哈勃－勒梅特定律必然成立，才被当作宇宙膨胀毋庸置疑的证据。

哈勃－勒梅特定律，过去被叫作“哈勃定律”。哈勃在 1929 年发表的论文上刊登了呈现星系退行速度与距离间比例关系的著名图表，可在他之前，勒梅特就已经认为“如果宇宙是膨胀的，星系退行速度应与星系距离成正比”，并用当时的观测数据求得了宇宙的膨胀率（今天所谓的哈勃常数，于 1927 年）。因此，在 2018 年举办的国际天文学联合会上，通过了决议，“推荐今后将解释宇宙膨胀的定律称作‘哈勃－勒梅特定律’”。

## 哈勃－勒梅特定律

在气球上画上印记（点 A 及其他星系）。

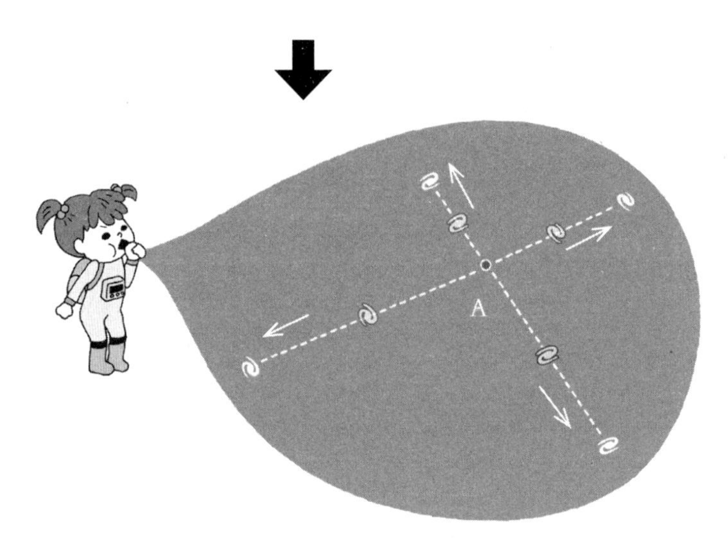


把气球吹大以后，所有的星系都会远离点 A。并且，各星系远离的速度与星系和点 A 间距离成正比。

# 如何得出宇宙膨胀的速度？

哈勃通过“星系距离越远，星系退行速度越快”这一观测事实，得出了宇宙正在膨胀的结论。那么星系距离与星系的退行速度，又是如何测定出来的呢？

“星系的退行速度”，可以通过研究从星系照到地球的光的波长被拉伸到何种程度来求得，相对来说比较简单。

当一辆救护车远离你时，音波的波长会被拉伸，所以警报声听起来会显得更低沉，这叫作“多普勒效应”。光也同理，也会产生这种效应。

光的波长被拉伸，就会显得有些变红，这种现象被称为“红移”。红移值越大，就代表光的波长被拉伸得越严重，也就说明星系远去的速度越快。通过红移的程度，能够精准地测算出星系的退行速度。

相反，星系和地球间的距离就非常难测定了。实际上，天文学中最难的问题，就是如何测定与天体之间的距离了。天体越是遥远，就越难精准地测定距离。

测量与远方天体之间的距离时，天文学上会先寻找被称作“标准烛光”的天体，也就是事先知晓亮度的恒星。哈勃所使用的标准光源，是一种名叫“造父变星”的恒星。

变星是指亮度并非恒定，而会不断变化的恒星。造父变星的亮度有着周期性的变化，它的特点是：变光周期越长，绝对亮度就更高。造父变星在每个星系都能找到，通过观测它们的变光周期，就能折算出它们的绝对亮度。用绝对亮度与观测到的亮度相对比，就能算出星系与我们之间的距离了。

然而，哈勃认定为造父变星的恒星，实际上是另一个类型的变星。哈勃当初并没有意识到这个错误，把各个星系的距离都估算成了实际值的约五分之一。

将星系距离除以星系的退行速度，就能算出宇宙膨胀的速度，接着还能推算出宇宙的年龄。根据哈勃在当初进行的计算，宇宙的年龄大约是 20 亿岁。

可在当时已经有人发现地球上存在着 30 多亿年前形成的岩石。宇宙的年龄竟然比地球岩石的年龄还小，明显不对劲。将星系距离订正了之后再算，宇宙的年龄被修改成了原来的 5 倍左右，也就是 100 多亿年，与地球古岩石年代间存在的矛盾也自然消解了。

# 爱因斯坦一生中最大的错误？

如此这般，哈勃在 1929 年发表了哈勃 – 勒梅特定律。通过使用大型望远镜对宇宙进行观测，我们也找到了能够说明宇宙膨胀的确凿证据。

据说曾经不愿承认宇宙膨胀的爱因斯坦，也亲自造访威尔逊山天文台，从哈勃那里直接听取了他对观测数据的解释。最终，爱因斯坦还是认可了“宇宙正在膨胀”这一事实，并撤回了自己创造的“大小恒定不变”宇宙模型。

据说爱因斯坦后来还说过这么一句话：

“引入宇宙常数，是我一生中最大的错误。”

爱因斯坦最终坦然承认自己的错误，也体现出了他身为科学家的求实精神。

为了他的名誉，就再多提一件事吧。让爱因斯坦叹为一生中最大错误的宇宙常数，其实很有可能真的存在——最近它又突然有了些眉目。

根据近年的观测结果，我们发现宇宙膨胀的速度正在渐渐加快。加快是不是因为宇宙空间中存在着未知的斥力呢？支持斥力说的人越来越多。

爱因斯坦本是为了让宇宙不膨胀也不收缩，并保持恒定大小，才引入了宇宙常数。可是，即便真正的宇宙大小在不断变化着，“存在宇宙常数，宇宙空间中存在斥力现象”这一理论本身或许并没有错。

# 望穿数千万光年的视力

听到宇宙在膨胀之后，也许有人会这么想吧？

“既然宇宙在膨胀，那么人的身体和地球会不会跟着一起膨胀呢？”

这真是个非常尖锐的问题。在回答之前，让我们先来看看宇宙是以怎样的速度在膨胀吧。

宇宙膨胀的速度可以用“哈勃常数”这一数值来表述。根据最新的观测结果，这个值约为“67（千米/秒）/百万秒差距”。它的意思是，“每增加1个百万秒差距，星系远离地球的速度增加约67千米/秒”。

“秒差距”是天文学上使用的长度单位，约为3.26光年。百万秒差距是它的100万倍，约为326万光年。1光年约为9兆5000亿千米（1兆=10000亿），1个百万秒差距约为3100京千米（1京=10000兆）。

也就是说，3100京千米以外的天体，1秒后就在3100京又67千米外了。这就是宇宙膨胀的速度。太阳与地球的平均间距约为1.5亿千米，照这么算，太阳每秒钟会远去3微米（千分之三米），膨胀的程度极其微小（不过我们会在后文中补充说明，其实太阳与地球间的距离并不会因为宇宙膨胀而增加）。所以，我们身边的世界受宇宙膨胀的影响实在太微小了，根本无法观测到。

除此以外，构成我们的身体以及地球的物质，又受到在物质之间产生作用的力（引力或电磁力）的影响从而紧密地结合在一起。相比宇宙膨胀的力，物质之间紧密吸引的力完全是压倒性地强。因此，我们根本不会受宇宙膨胀的影响。

并且，地球还受到太阳引力的强烈吸引，宇宙膨胀所带来的远离之力被完全抵消了。所以地球到太阳的距离并不会因为宇宙膨胀而变得更远。同理，就算是恒星之间的距离，也不会受宇宙膨胀的影响。

综上所述，连恒星与恒星之间也见不到宇宙膨胀所带来的影响。宇宙膨胀必须在更大规模的范围才会产生影响。

在宇宙之中，无数恒星会组成名叫星系的大型集团，超过100个星系聚在一起组成星系团，并散落在各处。一个星系团与另一个星系团之间的距离，平均能达到数千万光年。

有了这么远的距离，星系团之间因引力而靠近的力量与宇宙膨胀带来的远离之力相比，就显得微不足道了。因此，星系团会逐渐远离彼此。

这也意味着，想要观察宇宙膨胀的状态，就需要能够望穿数千万光年距离的视力。人类的裸眼自然不可能有那样的视力，小望远镜也没戏，必须要像哈勃那样，利用天文台的大型望远镜来观测超远方的星系动态，才能够意识到宇宙在膨胀。所以，我们在过去没能注意到宇宙膨胀是理所当然的，爱因斯坦当初不承认宇宙膨胀也无可厚非。

## 专栏1 光到底是什么？

本书会聊到关于光的种种。如果我们开始对“光是什么”或者“光有哪些性质”进行详细说明，都能另写一本书了，还是在这个专栏里进行少许的补充吧。

### 光也有同伴

光的真面目是电的波动——电磁波。当电产生波动，同时也会产生出磁力的波动，它们交织在一起并通过空间传导出去，被统称为“电磁波”。

准确地说，光只是电磁波的一种，除了光以外，还有别的电磁波。比如说，用于手机通信的无线电波，微波炉的微波，用于电视遥控器、红外通信技术的红外线，让人晒黑的紫外线，用于拍摄X光片的伦琴射线，具有辐射性的伽马射线，它们都是电磁波，可以说是光的同伴。我们日常可见的光，因能被人肉眼看见而被称作“可见光”，而光的这些同伴是“肉眼不可见的光”。

那么，光和它的同伴们有什么区别呢？区别在于波长。波长就是从波峰（波动的最高点）到下一个波峰之间的长度。

电磁波中，波长最短的是伽马射线，接下来由短到长依次是伦琴射线、紫外线、光（可见光）、红外线、无线电波。不过，它们的波长范围并没有区分得很明确，也有一部分是重叠的。

可见光的波长大致处在 380 纳米到 760 纳米（1 纳米为 1 米的百万分之一）之间。也就是说，光的波长约相当于人类头发粗细的百分之一。

## 按照不同波长来区分光的“光谱学”

当太阳光穿过三棱镜（用玻璃制成的透明三角柱）时，就会被分为红、橙、黄、绿、蓝、靛、紫，即所谓的彩虹七色。光的颜色差异源自波长的差异。红光的波长最长，而紫光的波长最短。

太阳光中还有各种颜色的光，或者说是各种波长的光。一般来说，存在于自然界中的光几乎全都是不同波长光的混合物。

如果你仔细观察透过三棱镜的太阳光，就会发现在分为彩虹色的光带之中，还存在着一些漆黑的纵线。它们代表着相应波长的光几乎不存在于太阳光中，所以它们又被称作“吸收线”。

另外，将物质（元素）高温加热，就会释放出该元素特有波长的单一强光，也叫作“明线”。如果光源与观测者之间存在其他元素，那种元素就会将相应明线波长的光吸收掉，那种波长的光就无法到达观测者眼中了。这就是吸收线的成因。

综上，我们只要调查一下太阳光中的吸收线，就能知道太阳（准确地说是太阳表层大气）之中有哪些元素了。研究太阳的吸收线可以得知太阳中含有氢、氦、钙、铁、钠等元素。

使用三棱镜等工具将光按照波长区分开，并查清何种波长的光含有多少量，根据明线和吸收线的信息，研究释放光的物体由何种元素或分子构成等课题的学科便称为光谱学。光谱学是将“观测光”这一行为实践到极致的学问。

# 第2章

## 昔日的宇宙只是个微小的火球

### 大爆炸宇宙论登场

# 大爆炸宇宙论的证据是偶然发现的

在这一章中，我们将探讨大爆炸宇宙论是如何诞生，又是如何被人接纳的。

我们在序章中提到过，大爆炸宇宙论就是主张“广阔宇宙在远古时期是个小火球”的理论。1948 年，俄裔美国物理学家伽莫夫和他的同伴们共同发表了这个理论。

17 年后，1965 年，美国著名物理学家迪克尝试寻找大爆炸宇宙论的证据。他认为，如果昔日的宇宙发生过“大爆炸”，那么现今的宇宙中应该还残存有爆炸的痕迹。这种痕迹就是充盈在整个宇宙中的特殊无线电波。

为了捕捉这种无线电波，迪克在母校普林斯顿大学与学生们一起在教学楼屋顶上立起天线，做好了前期准备。

某一天，当迪克和学生们在研究室吃午饭时，一通电话打来。那是从距离大学约 20 千米的某个电话公司研究所打来的。

“我们是做卫星通信专用天线研究的研究员，现在正在研究干扰卫星通信的噪声电波是怎么一回事。有种莫名其妙的电波从天空的四面八方传来，不知是什么来头，我们正为此头疼呢。那种无线电波，24 小时从不间断，而且一直保持着相同的强度。我们找熟人打听之后，听说迪克老师有可能会知道，所以想请教您：那究竟是什么呢？”

据说握着听筒的迪克把头转向学生们，如此喊道：

“诸位，我们被他们抢先了！”

没错，并非天文学家，而是两个民营电话公司的职员偶然发现了大爆炸宇宙论的证据。日后，他们还获得了诺贝尔奖，迪克却没能享受这份殊荣。

在改变历史的大发现中，有许多都是无心插柳，由并非某领域专家的人取得成果也绝非罕见。大爆炸宇宙论的“最强力证据”的发现，也是一份偶然的产物。

## 宇宙是从一个原子大小的“蛋”里生出来的吗?

在第 1 章中，我们提到过哈勃 – 勒梅特定律的发现证实了宇宙正在膨胀。也就是说，如今的广阔宇宙应当算是膨胀的结果，越是向过去回溯，宇宙应该变得越小。

提出宇宙膨胀学说的勒梅特在 1931 年发表了内容为“宇宙曾是个超高密度的小团块”的论文。既然过往的宇宙比现在的小，那么现在宇宙中所存在的星系、星球，还有一切的物质，应该都会被压缩封存在那样一个小小的宇宙中。越是往前回溯，宇宙的尺度就越小，内部的物质会被层层压缩，密度越来越大。

最终，现在宇宙中存在的所有物质都会被压缩，并回到一个超高密度的小团块状态。勒梅特把它称作“宇宙蛋”（cosmic egg）或者原始原子。勒梅特认为，这一颗原子大小的宇宙之蛋在膨胀的过程中还不断分裂，创造出了现今宇宙的结构。

世界各地的神话传说中，也有非常多“世界从蛋中出生”的小故事。印度教中，有个创造宇宙的神话——一位名叫梵天的创世神，将宇宙蛋一分为二，创造了天和地。芬兰民族史诗《卡勒瓦拉》中，大气的女儿伊尔玛达尔在海面上徘徊时，一只野鸭飞来，在伊尔玛达尔的膝盖上下了一个蛋，而伊尔玛达尔又将蛋从膝盖上推落下去。破碎的蛋壳上半部分成了天空，下半部分成了大地，蛋黄化作太阳，蛋白化作月亮和星星。

当然了，勒梅特的主张并非荒唐无稽的神话，而是基于广义相对论，对宇宙诞生故事所进行的科学描绘。并且勒梅特还提出了一个前无古人的观点，认为时间与空间是在“宇宙起源不久之后”才诞生的。既然宇宙即时空，那么宇宙的起始自然也算得上时间与空间的起始。对勒梅特来说，这是一种很自然的思路。

宇宙诞生于“没有昨天的那一天（The Day Without Yesterday）”——勒梅特在1950年出版的随笔集中如此写道。

可是“没有昨天的那一天”究竟是怎么一回事呢？大家能够想象出时间有开端是怎样的情形吗？能够接受这样的观点吗？

恐怕是不行吧。不光是诸位读者，连当时的科学家们也都这么想。然而，我们这群现代的宇宙论研究者，已经都接受了宇宙诞生于“没有昨天的那一天”这一观点。

# 探究宇宙起源的伽莫夫

勒梅特的宇宙蛋创想是划时代的产物，可这条理论还欠缺了一个重要因素。它虽然说到了“宇宙是从超高密度的微观卵中诞生的”，但一点都没提及它的温度。

针对这个问题，主张“宇宙诞生之初便是一个超高密度且超高温的微观卵”的人，便是在序章中介绍过的伽莫夫了。

那么，为什么伽莫夫会认为原始宇宙是超高温的呢？

那是因为伽莫夫应用了原子核物理学的知识。

有新理论或是新发现面世的时候，几乎必然会用上崭新的工具。而伽莫夫在提出大爆炸宇宙论时用到的利器，便是当时被认为是最尖端科学的原子核物理学。

1803 年，英国化学家道尔顿发表了原子论，认为物质不断细分下去，最终会得到称作原子的微观粒子。然而在 1897 年，英国物理学家汤姆逊发现了原子之中所包含的电子。也就是说，原子并非终极的微观粒子，还有着更深层次的内部结构。

进入 20 世纪，原子内部的结构逐渐被研究透彻。先是确定了原子中心有坚固的原子核（1911 年），接着发现了构成原子核的微观粒子为质子（1919 年）和中子（1932 年）。元素的种类决定了原子核中的质子与中子数量，它们的总数越小，元素便越轻。比如说，最轻的氢元素，它的原子核仅由一个质子构成。第二轻的氦元素，原子核由 2 个质子和 2 个中子，共计 4 个粒子构成。

更进一步地，我们发现用中子等粒子撞击原子核，便有可能引起诞生出其他原子核的核反应（核裂变或核聚变）。像这样研究原子核结构与核反应现象的学科就是原子核物理学。众所周知，将核裂变应用在武器上就造出了原子弹。20 世纪 30 年代至 40 年代是原子核物理学急速发展的一段时期，当时的原子核物理学是最尖端的科学，也是物理学中最引人瞩目的学科。

## 元素是怎样创造出来的?

就让我们来仔细探究一下伽莫夫利用原子核物理学知识作了怎样的思考吧。

正如前文所述，我们的物质世界是由原子构成的，而原子又由原子核与电子构成。原子核由质子和中子构成。我们的世界主要就是由质子、中子及电子这三种微观粒子组成的。

假设宇宙在起源之时是勒梅特所说的超高密度，并且低温的状态。此时，正如第 61 页所描述的那样，宇宙中的一切物质都被挤压在一个非常狭小的范围中。于是，根据一般认知，电子和质子靠在一起会发生反应，变成中子。换言之，刚诞生不久的宇宙里挤满了中子，类似于一个非常高密度的巨大原子核。

伽莫夫推想了一下这个充满了中子、超高密度且低温的宇宙膨胀起来会是怎样的情况。接下来，与电子和质子被压缩成中子的过程正相反，轮到中子分裂成电子和质子（还有一种基本粒子中微子）了。一个质子就足以形成氢元素的原子核，换句话说，这个过程提供了氢原子的原料。

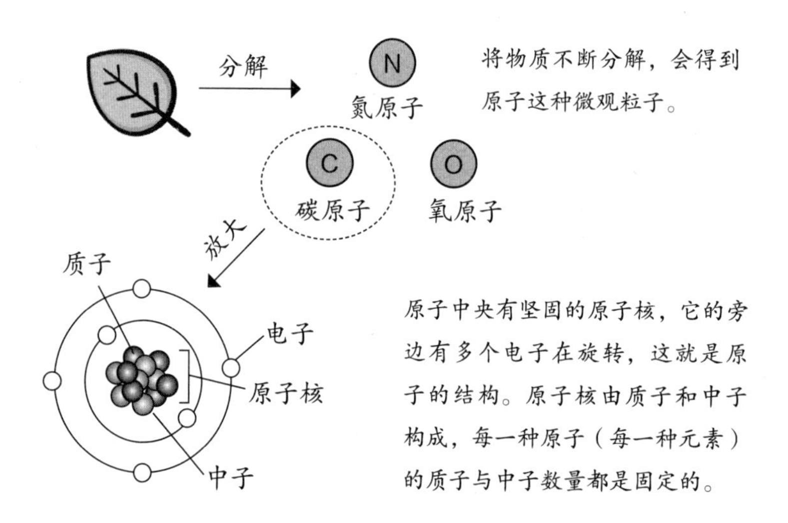


随着宇宙进一步膨胀，又经过好几个过程，两个质子和两个中子发生了聚合核反应，诞生出氦的原子核，氦也是仅次于氢的轻元素。质子与中子结合成更重的状态后，相较单独存在来说会更稳定。

不久之后，三个质子又与四个中子结合起来，形成了第三轻的锂原子核。像这样，伴随着宇宙膨胀，众多质子与中子组合成重原子核，源源不断地充盈到宇宙中去。

伽莫夫认为现在的宇宙里所存在的一切元素的原子核，都是在宇宙诞生之初产生的。这个理论被称为“α β γ 理论”，于1948 年正式发表。

其实这个理论是当初正在修博士学位的阿尔菲与导师伽莫夫一同讨论后，才确定为他的博士论文主题的。伽莫夫想给这个理论起一个时髦的名字，就请来物理学家好友贝特充当其中一名论文作者，然后对各自的名字稍作改动（阿尔菲 = α 、贝特 = β 、伽莫夫 = γ ），就有了现在这个名字。

把跟论文毫无关系的人拉入伙，就为了起一个时髦（倒不如说是谐音冷笑话）的名字，看来伽莫夫是个相当有幽默感的人啊。

# 宇宙曾经很热吗?

在 α β γ 理论之后，经过更细致的计算，我们发现轻原子核会一个劲地结合成重原子核，所以宇宙中那些拥有轻原子核的元素（轻元素）会逐渐减少。如果真的如此，那现在的宇宙中存在更多的应该是重元素，只有少量轻元素会残留。

当我们观察真正的宇宙时，发现氢和氦等轻元素占据了大部分，重元素几乎没多少。伽莫夫思考其中缘由时，灵光一闪：

“如果宇宙初期是超高温的，就能够解释为什么宇宙中有很多轻元素了！”

因为，宇宙温度足够高，热能就会使质子和中子发生剧烈的运动。这时候，虽然能产生出氢、氦等较轻的原子核，但更重的原子核会因为质子与中子的运动太过激烈而无法聚合，无法成形。一切都符合理论推导。

之后随着宇宙不断膨胀，温度也降下来了，质子和中子就能互相接触并组成重原子核了。可是此时的宇宙已经膨胀得足够宽广，质子与中子互相碰撞并结合的概率也因此减少。这也意味着重元素的形成是非常难得的情况（请参考第 70

页的示意图）。

于是伽莫夫提出了他的观点：要让现在的宇宙中残留足够多的轻元素，只需要假定宇宙初期是个“超高密度且超高温的微型火球”就能说通了。后来它成了大爆炸宇宙论。

αβγ 理论面世之后，日本的林忠四郎教授还否定了其中一部分观点。伽莫夫等人认为诞生初期的宇宙中充满了中子，而林教授证实了初期宇宙中不仅有中子，也存在质子。另外，伽莫夫等人认为所有元素的原子核都是在宇宙初期诞生的，也是不准确的。林教授证实了宇宙初期只生成了氢、氦、锂等轻元素，更重的元素则是通过恒星的核聚变或超新星爆发等原因聚合而成的。伽莫夫也承认了自己所犯的错误，现在这个理论又被称作“αβγ-林理论”。林教授是日本宇宙物理学的先驱者之一，也是我大学时代的恩师。

## 元素的诞生方式与初期宇宙的状态

宇宙温度较低的情况下

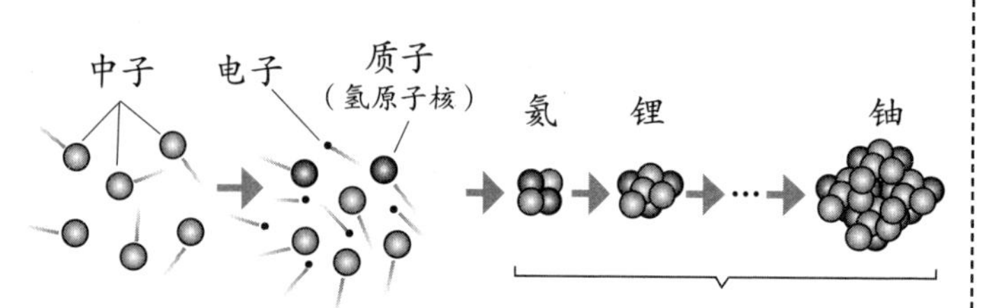


在高密度的宇宙中，只存在中子（后来确定也有质子存在）。

中子被打碎成质子和电子（还有中微子）。

随着宇宙膨胀，质子与中子逐渐结合，形成了重元素（的原子核）。

然而这样的话，宇宙就会被重元素占据，与实际的观测结果是矛盾的。

宇宙温度较高的情况下

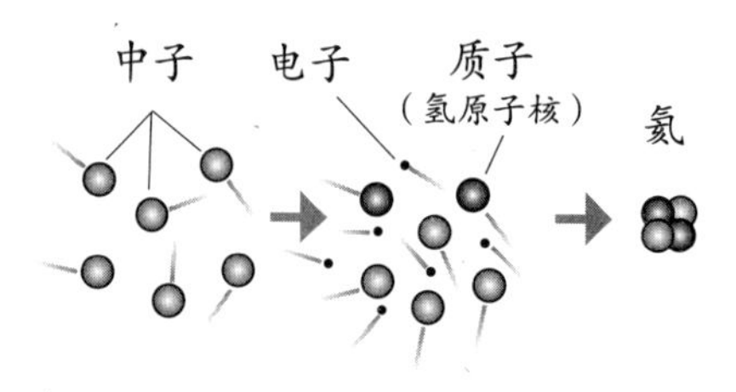


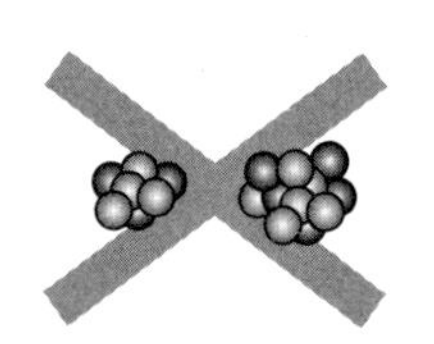

假设宇宙初期是超高温，重新进行推导，就发现只能形成到氦原子核为止。

更重的原子核因为质子与中子的运动太过激烈而无法形成。

## 大爆炸宇宙论的劲敌登场

有一种理论几乎与大爆炸宇宙论在同一时期诞生，也成为它的劲敌。这种理论全名叫“宇宙恒稳态理论”。

宇宙恒稳态理论是指“虽然宇宙在膨胀，但它是保持恒定（稳态）的”。明明在膨胀却还保持恒定，听上去确实是个古怪的理论呢。

英国天文学家霍伊尔是宇宙恒稳态理论的提出者之一。霍伊尔因对恒星内部元素合成的理论做出很大贡献而声名大噪。前文中我们提到了“重元素是因恒星中的核聚变而产生的”，而恒星中从碳到铁这些元素的合成原理，便是这位霍伊尔首次揭晓的。

霍伊尔承认哈勃发现的宇宙膨胀是正确的，但他对勒梅特所提出的“宇宙如果在膨胀，那么过去的宇宙一定比现在更小并处于超高密度”这一诠释表示无法认同。他给出的想法是，“如果新物质诞生于真空中，那么宇宙就会维持固定的密度”。

宇宙膨胀，空间扩大，就会产生间隙。假如宇宙的任何位置都是从真空中一点点涌现出新物质，那么新物质就会填补膨胀产生的间隙。接着这些物质中会诞生出星系，所以就算星系在不断远去，也会在近处再产生新的星系。于是宇宙在膨胀的同时，密度与温度都能保持恒定。以上就是霍伊尔的主张。

宇宙恒稳态理论最具魅力的一点就是它无须思考宇宙的起源。勒梅特坚持认为宇宙是从宇宙蛋中诞生，并起源自“没有昨天的那一天”，大爆炸宇宙论也同理。但是，宇宙有初始、时间有源头的论述，光凭人类的感受力，确实很难接纳。相对而言，“宇宙从永恒的过去到永恒的未来，都是永远不变的存在”，对于很多人来说应该更容易接受一点。

话又说回来，霍伊尔其实还是给大爆炸宇宙论起名字的人。第 8 页提到的那个在 BBC（英国广播公司）电台节目中声称伽莫夫的观点为“轰隆理论”的人就是霍伊尔。倒是伽莫夫真的用这个名字称呼自己提出的理论。如同 α β γ 理论的命名故事那样，看来伽莫夫的幽默感也是不同凡响啊。

# 令天文学家心驰神往的射电天文学

20 世纪 40 年代末，大爆炸宇宙论和宇宙恒稳态理论几乎同时面世，不过在科学界，还是宇宙恒稳态理论更占优势。认为“宇宙有起源”的大爆炸宇宙论，即便是科学家也无法轻易接受。

在这一时期，也就是 20 世纪 40 年代到 50 年代，乃至 60 年代前期，天文学家们对宇宙起源问题还没有考虑得那么深。因为天文学中还有很多令天文学家很感兴趣，并实现了长足发展的领域。在当初，讨论宇宙起源问题对天文学家来说只不过是一种头脑体操，甚至可以说是一种游戏。

令当时的天文学家们心驰神往的领域之一便是射电天文学。

首次发现来自宇宙的无线电波，还是 1931 年的事。美国一工程师扬斯基在调查某种能够引雷的无线电波时，发现了一个奇特现象。他发现较强电波来临的时刻，每天都会依次提早 4 分钟。

每天提早 4 分钟的不仅仅是电波时刻，还有同一颗星星出现在天空中相同位置的时刻。当在与前一天相同的时刻眺望夜空时，会观察到那颗星星的位置几乎不变。实际上，它已经向西偏移了大约 1 度。其实它在约 4 分钟前就已经来到了与前一日相同的位置。这种现象的出现是因为地球每年绕太阳旋转一周（公转）所带来的恒星周年视运动。

所以，扬斯基推测这种每天提早 4 分钟所接收到的强烈无线电波也与星光一样，是来自宇宙中的。后来我们才发现它的真面目是来自银河系中心方位的无线电波（银河无线电波）。来自宇宙的无线电波，也只是一个非天文学家偶然发现所得。

到了 1942 年，科学家发现了从太阳上也有无线电波传来。原来太阳不仅发射光（可见光），还会发射无线电波。

第二次世界大战结束后，射电天文学迅速发展了起来。战时，军用雷达（向目标发射电磁波，通过测定反射波来探测与目标间距离及目标方位的装置）技术得到了大幅提升。战争结束后，雷达技术人员将视线转向宇宙，也开始研究来自宇宙的无线电波了。

射电天文学以及无线电波的观测技术，同样是我们的一大利器。要找到大爆炸宇宙论的证据，还得靠使用这一新式利器的人呢。

# 无线电波所展现的“冷宇宙”

观测来自宇宙的无线电波，可以看到宇宙怎样的一面呢？从宇宙来的无线电波根据其产生原理，大致分为两类。

第一种是非常强烈的天体现象所产生的电波。比如说，银河系中心位置有一个质量约为太阳400万倍的黑洞，周遭的物质在坠入黑洞的时候会释放出庞大的能量。在这种地方，电子以近乎光速的速度在强磁场中运动，便会释放出无线电波。这就是扬斯基所观测到的银河无线电波。而太阳表面发生名为“耀斑”的大爆炸时，也会释放出同样原理的无线电波。

第二种正相反，是从非常静态且低温的地方传来的电波。这就是物体自身热量释放出的无线电波。

我们在第1章的专栏中阐述过，光（可见光）、无线电波、紫外线、红外线，全都属于电磁波。它们的区别仅仅是波长不同。波长从短到长分别是伽马射线、X光、紫外线、可见光、红外线、无线电波。

物体温度越高，就会释放出越多短波长的电磁波。比如说，太阳表面温度约为6000℃，会释放出更多的可见光。而人类的身体只有37℃左右，相比可见光，释放更多的是红外线。也

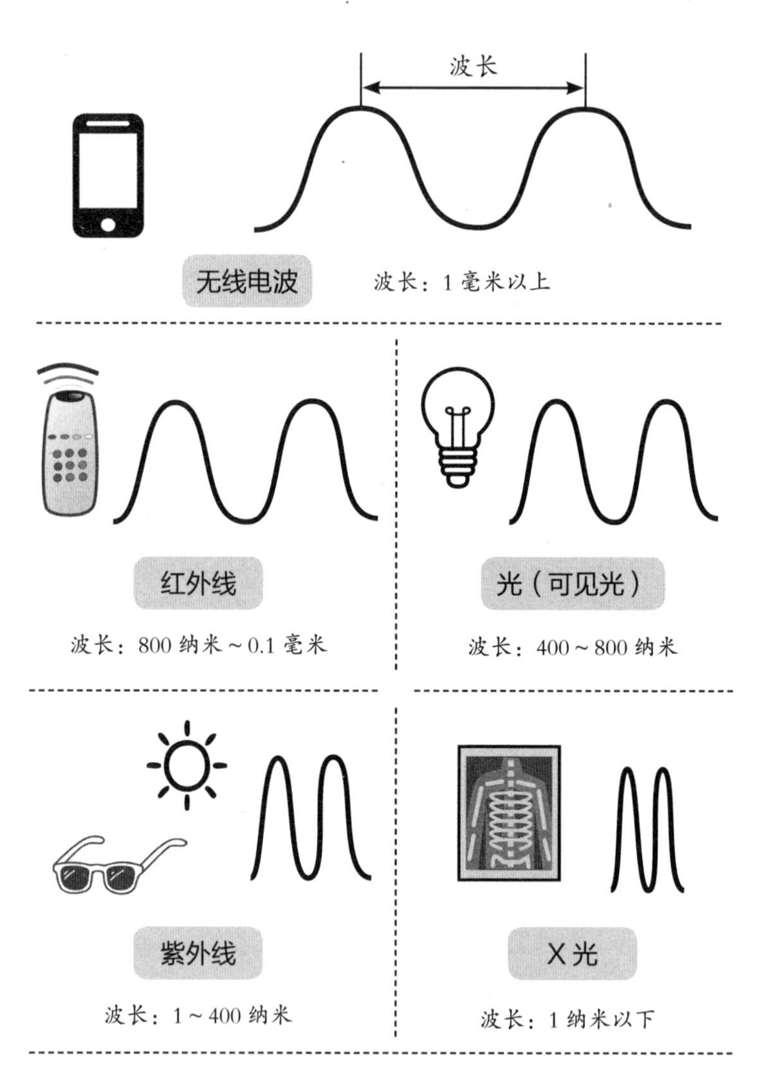


1 纳米 = 一百万分之一毫米

※各种电磁波的波长范围并非完全固定，相互间或多或少存在重叠。此外，图中各种电磁波的波长与实际比例也可能存在差异。

就是说，人类的身体“正闪耀着红外线”，使用红外线探测器，就算在漆黑的夜里，也能检测到人类释放的红外线，并捕捉到人的身影。

释放无线电波的物体还有可能是更低温的东西。比如说，宇宙中可以观测到很多类似黑云的天体，被称作“暗星云”，实际上是飘浮在宇宙中的气体或尘埃，与大气中的云层一样，甚至能遮挡住后方的恒星光芒，看上去就像一朵朵黑云。暗星云的温度大约为 -260℃，处于超低温，也会释放大量无线电波。

其实暗星云也是新星诞生的遗址。只要捕捉暗星云释放的无线电波，就能够观察到星球诞生的现场。

能够捕捉宇宙无线电波的望远镜被称为射电望远镜，是将用于接收卫星广播的单抛物线天线放大规模后的产物。日本与世界各国协作，在南美洲智利建设的 ALMA 望远镜是将 66 台单抛物线天线连接成一体的探测器，工作起来相当于一台巨大射电望远镜。

我们平时肉眼可见的是高温恒星等星体闪耀着可见光的“热宇宙”。相反，通过观测无线电波“看到”的“冷宇宙”向我们展现了宇宙前所未知的崭新一面。所以，当时的天文学家们全都沉迷在了射电天文学这门新学科中。

## 神秘无线电波的真面目

接下来，时间来到了 1965 年。

美国最大的电话公司——AT&T 的贝尔实验室中，有两个研究员，他们的名字分别是彭齐亚斯与威尔逊，都是 30 岁左右的年轻人。

他们为了研究卫星通信，调查了一下干扰通信的杂音电磁波究竟是什么。他们制作了巨大的天线来接收飞舞于空中的各种电波，并试图找到它们的来源。

顺带一提，世界首个通信卫星是在 1962 年发射上天的。翌年，即 1963 年 11 月，在首次使用通信卫星进行日美电视信号转播的实验中，就报道了美国总统肯尼迪遇刺的案件，给日本的电视观众带来了巨大的冲击，非常有名。

回到正题，当两个年轻人继续探索下去的时候，他们发现了一个奇特的现象——来自四面八方的神秘无线电波。

在地球上有各色各样的无线电波在穿梭。有广播等通信所使用的人工电波，也有大气中气体分子释放的电波以及来自太阳或银河系的自然电波。这些电波全都是仅在天线面向电波发生源方位时才能接收到。

可是，不论天线朝向天空的哪个方位，都能够接收到这种神秘无线电波。况且它是 24 小时不间断，并且总保持完全相同的强度。他们俩心想，或许是天线本身在产生电波，就拼命把天线里积攒的鸽子粪都清除了，而神秘电波并没有消失。

两个人走进了死胡同，只得通过朋友介绍，找著名物理学家迪克聊了聊。迪克刚接到电话就立即看透了本质。那种电波无疑就是迪克正在寻找的大爆炸痕迹。迪克拜访了两个年轻人并申请查看数据，证实了自己的想法是正确的。

彭齐亚斯与威尔逊所发现的神秘无线电波，证实了宇宙曾处于高温状态，它是宇宙初生之时所产生的“直射光”的化石。

# 大爆炸的痕迹

提出大爆炸宇宙论的伽莫夫还做过这样一个预言：

"如果宇宙诞生之初是一个超高温的微观火球，那么在高温宇宙中产生的光，恐怕还以电波的形式残留在现今的宇宙中吧。"

伽莫夫还预测说那种电波应该是绝对温度5开尔文到7开尔文的物体所释放的电波。

在绝对温度处于零开尔文时，所有的原子和分子都会停止运动，这是世上最低的温度。–273.15℃又称绝对零度。绝对温度的单位为K（开尔文），所以绝对零度又写成0 K。

前文中我们解释了无线电波与光（可见光）都属于电磁波，仅仅是波长不同，也提到了太阳这样的高温物体会发光，而极低温的物体会发出无线电波。

根据这些知识再去整理伽莫夫的预言含义，就能得到以下结论：

根据大爆炸宇宙论，昔日的宇宙比现在的温度高得多。高温物体会发光，所以当时的宇宙整体都显得光辉灿烂。并不是恒星这种特定天体在发光，而是高温的宇宙整体在发光。

这种高温的宇宙随着膨胀渐渐扩大，宇宙整体所释放的光的波长也因此拉伸，就好比在气球上画了代表光的波浪线，然后把气球吹大，波浪线的波长随之被拉伸。结果就是波长被拉伸后的可见光变成了无线电波，这种无线电波就是伽莫夫所说的“残留在现今宇宙中的电波”。

另外，也可以得出下述观点：高温的小宇宙在膨胀的同时，温度也随之下降，到了现在，宇宙就只剩下 5K（绝对温度 5 开尔文）到 7K 了。宇宙整体散发出了与温度相符的无线电波，便是伽莫夫所谓的电波。表述虽然各异，但与上一种说明含义相同。

那么，彭齐亚斯与威尔逊发现的无线电波与伽莫夫的预言完全一致吗?

实际上，他们俩发现的电波相当于 3K 的物体所释放的无线电波。所以在温度上与伽莫夫的预言有少许差距。但是“曾经处于高温状态的宇宙所释放的光，随着宇宙膨胀，波长不断被拉伸，最终成了无线电波”这层含义倒是与伽莫夫的预言不谋而合。换言之，这种无线电波便是支持大爆炸宇宙论的强力证据。

现在，这种无线电波被称作“宇宙背景辐射”。“背景”是相对于恒星与星系这些“前景”而言的，代表着它来自星体的背后，辐射指代释放而出的电磁波等。

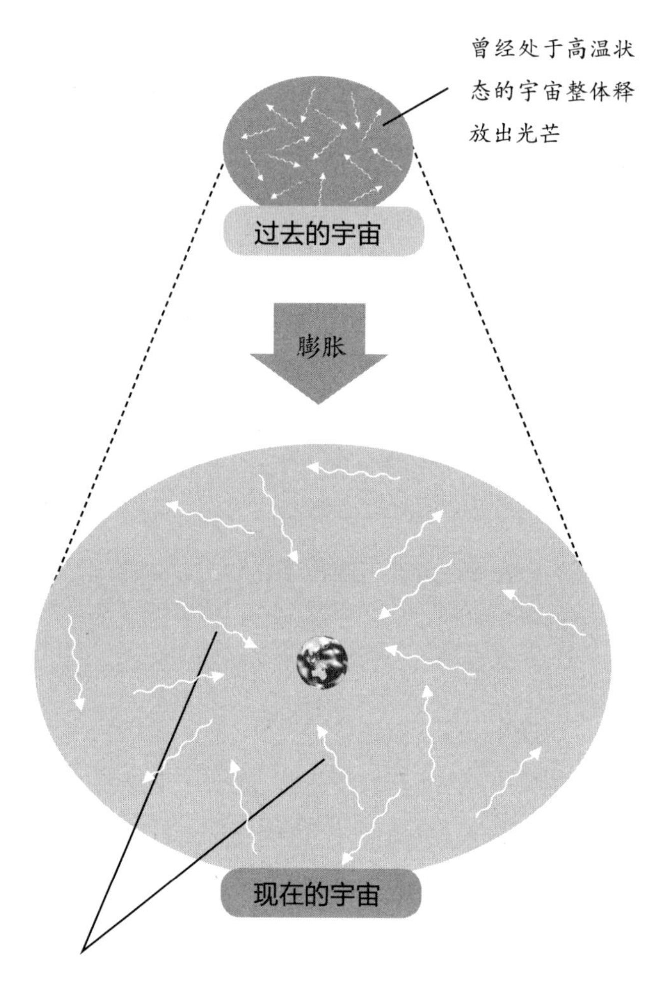


从宇宙所有方位 24 小时不间断传来的相等强度的无线电波 = 宇宙背景辐射（波长与 3K 的物质所释放的无线电波相同）

# 宇宙的第一道光是怎样诞生的?

在第 79 页，我们将宇宙背景辐射描述成了“宇宙初生之时所产生的‘直射光’的化石”。化石这种表述意味着它曾经是光，如今却成了无线电波，通过研究它可以了解昔日的宇宙。那么它前面的“直射光”又代表着什么呢？请容我做一番说明。

根据大爆炸宇宙论，宇宙越是向前追溯就越小，密度与温度也随之升高。而在宇宙的最初期，那个超级高温的火球宇宙中，构成原子核的质子与中子都因为高温而四分五裂，变成了名叫“夸克”的基本粒子，以光速运动着。我们暂且把发生大爆炸的瞬间称作“第 0 秒”吧（“暂且”在这里也是有含义的，这个将在下一章说明）。

接下来，在短短万分之一秒后，夸克聚集起来形成了质子与中子。100 秒后，质子与中子开始组成原子核。这时候的宇宙大小大约为现在的十亿分之一。而大爆炸 3 分钟后，就合成出了氢、氦等轻元素。简直是“元素的 3 分钟料理”呢。此时的宇宙温度在 1000 万到 100 亿摄氏度。

可是“万分之一秒”“3 分钟”“100 亿摄氏度”这些数字

又是怎么得出的呢？大家是不是觉得很不可思议呢？其实它们都是根据核物理学知识，对超高温宇宙膨胀、温度下降过程中的具体核反应进程推导出的。

然后，又过了一段时间，从大爆炸之后过去了 38 万年，宇宙膨胀还在继续，已经成长到了现在的约千分之一大小。此时宇宙的温度已经降到了约 3000K。

截至此时，氢、氦的原子核已经形成了。由于宇宙温度很高，电子会离开原子核自由飞动，这个状态被称作等离子态。不过温度降到 3000K 以下后，原子核就会捕获电子，并构成原子。

电子在等离子态下自由飞舞于整个宇宙空间，就算高温宇宙会发光，那些光也会因为撞到电子而四散，无法笔直前进。而电子被固定在原子中之后，光就能直射无阻了。

这个状态被称作宇宙放晴。它就仿佛是人乘坐飞机在云层中航行，突然从云层中突破而出。云层中并非一片漆黑，只不过光线很散乱，显得迷迷糊糊，看不见前方。但是光能够直射之后，就仿佛云消雾散，视野也变得开阔了。

宇宙放晴时产生的“在宇宙中笔直前进的光”，就是日后成为宇宙背景辐射的光。在那之后，宇宙又膨胀了 1000 倍，光的波长也被拉长了 1000 倍，变成了无线电波。而宇宙的温度也由当时的大约 3000K，降低到了千分之一，即现在的 3K 左右。

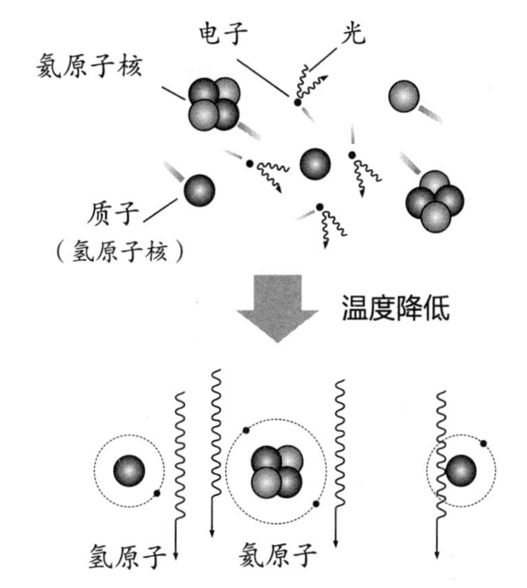


电子自由运动时，光会撞到电子而四散。

电子与原子核结合并构成原子后，光就能直射了。也就是宇宙放晴。

## 宇宙论成为天文学的一大领域

让我们再次回到彭齐亚斯、威尔逊和迪克三人的故事中来吧。

彭齐亚斯与威尔逊发表了一篇简单的论文，公开了发现“来自宇宙四面八方的3K物质辐射出的无线电波”的成果。但是他们并没有谈及无线电波意味着什么，仅仅是描述了事实。

在刊登那篇论文的同一期杂志上，迪克也发表了一篇论文，对彭齐亚斯与威尔逊的发现进行了详细解释。迪克在文中阐述道，彭齐亚斯与威尔逊发现的无线电波就是证明大爆炸宇宙论正确无误的证据。

顺带一提，迪克的论文里对伽莫夫等人的论文没有任何提及，似乎暗示着他不知道伽莫夫的论文存在，或者对其视而不见。伽莫夫为此十分苦恼，之后还给彭齐亚斯和威尔逊写了封信，强调宇宙背景辐射是自己的预言。

无论如何，多亏了这些人的论文，对宇宙起源问题几乎没深入思考过的天文学家们终于幡然醒悟了。“看来大爆炸宇宙论是对的啊！”更可贵的是，他们认识到了“原来对宇宙起源也能进行科学的研究，并可以通过观测来证实”。

现实中，从此以后，许多天文学家都发表了验证大爆炸宇宙论的论文。1965 年，宇宙论终于被承认为天文学的一大领域。

与此同时，我们也终于知晓了一个看似荒诞不经的真相——宇宙诞生初期是个超高温的小火球。不过，宇宙诞生之谜并没有完全解开，还残留着几个问题，就算用大爆炸宇宙论也无法解答。为了解决这些更深入的问题，我们还需要动用更加先进的“利器”。

## 专栏2 自然界中是否四处充盈着“能量”？

“能量”这个词，大家在日常对话中应该经常会用到。但当有人一本正经地问“能量是什么？”时，恐怕很多人都没法很好地解释吧？

### 能量＝做功的能耐

当一个物体处于能够“做功”的状态时，就可以说这个物体具有能量。换言之，能量就是指“做功的能耐”。

物理学中使用“做功”这个词时带有特殊的含义。当对物体施加力并使其移动时，就可以说做了“施加力量大小”与“移动距离”相乘量的“功”。这也可以概括成“功”就是指“在力的方向上移动物体”。因此，能量也可以指“移动物体所需的能耐”。

那么，该怎么做才能让物体动起来呢？其中一种方法是碰撞，以很大的冲劲撞上去，被撞的物体就会动起来。所以，动作更加迅猛的物体拥有更多能量。快速移动的物体所拥有的能量被称作动能。

接下来，请想象一下快速移动的物体坠落到黏土材质地面上的情景。这时候，物体会嵌入黏土材质的地面，接着受到黏土的阻力，很快就停止运动。抵挡住物体的黏土会因为与物体摩擦生热而稍稍升高一些温度。也就是说，快速运动的物体所拥有的动能，并没有让黏土完全动起来，而是产生了热量。如上所述，能量不仅能移动物体，还能够产生热量从而提升温度。

反过来说，热量也具有使物体移动的力量。用炉子把热水壶中的水烧开，沸腾的水（水蒸气）就能把壶盖推起来。由于热也能使物体移动，所以热也具有能量。这就是热能。

## 能量会在各种形态间转换

除了动能和热能之外，能量还有势能（较高位置的物体所具有的能量）、化学能、电能、光能等许多种类，并且它们还能互相转换。过山车可以通过爬升到很高的位置来积蓄势能，然后向下滑行产生出动能，从而让车组疾驰。发电站的发电机，通过涡轮旋转将动能转换成电能，从而实现发电效果。

能量转换时，尽管会释放出一部分热能，但是转换前后的能量总量是不变的。能量不会突然消失，也不会凭空出现。这个现象被称作能量守恒定律，是物理学中很重要的一条定律。

在第 32 页，我们简单提到了狭义相对论最著名的方程式 $E=mc^2$（$E$：物质拥有的能量；$m$：物质的质量；$c$：光速），而核裂变与核聚变就是通过让原子核发生反应，使物质减少极其微小的质量，从而转化为大量能量（核能）的过程。在相对论亮相之前，人们一直都以为物质（质量）与能量是完全不同的概念。但是在狭义相对论的帮助下，我们终于发现质量与能量也能够互相转换，在本质上是相同的。

# 第 3 章

## 宇宙膨胀的速率如同“翻倍游戏”

### 暴涨理论大显身手

# 令丰臣秀吉惊慌不已的“翻倍游戏”有多恐怖？

接连聊了这么多有关科学的话题，大家可能已经有点想打哈欠了吧？接着说一个民间的机智小故事吧。

有个叫曾吕利新左卫门的人，曾担任丰臣秀吉的“御伽众”一职。御伽众这个官职，专指那些为主君提供政治或军事建议、传递各国情势信息，有时又能陪主君闲话家常的人。放在现在就类似于批评家或是评论员吧。

新左卫门的脑袋非常灵光，总是能机智应答，很受秀吉的器重。有人说他是落语的祖师爷，也有人怀疑他是否真的存在。

有一天，这个新左卫门受到了秀吉的嘉奖，当被问到想要什么赏赐的时候，新左卫门这么回答道：

“那我今天就只要一粒米，明天翻一倍，两粒，后天再翻一倍，四粒，每天都要翻上一倍，让我拿上整整 100 天。”

秀吉心想，这有何难，还真是无欲无求，便欣然允诺。秀吉还以为一百天后的米顶多能有一草袋（60 千克）或者两草袋。

没想到，过了几天，管米仓的人慌忙来到秀吉身旁说：

“不好了，像这样一天天翻倍下去，不到 30 天就要超过

200 袋米啦。到 100 天后，还不知会翻倍成多少呢……”

秀吉终于知道自己上当了，请求新左卫门把赏赐换成别的东西。新左卫门当然笑着答应了。这就是著名的民间故事——“米粒倍增”。

可能也有不少朋友会把它当成“一休”的故事。江户时代的宽文时期（四代将军德川家纲的时代）出版文化很繁荣，出了很多有关曾吕利新左卫门与一休和尚的机智故事书。在当时，两个人的逸事互相混淆或是凭空捏造都屡见不鲜，所以也搞不清楚哪个故事才是真正属于他们本人的了。

顺带一提，按照新左卫门的要求来计算，第一天一粒就等于 2 的 0 次方，第二天两粒等于 2 的 1 次方，第三天四粒等于 2 的 2 次方，所以一百天后就是 2 的 99 次方，约等于 $6\times10^{29}$ 粒。一袋米的颗粒数大致为 300 万粒（$3\times10^{6}$），一百天后需要的米袋数是 $2\times10^{23}$ 个，2 的后面跟着 23 个 0 呢。你感受到这翻倍游戏的可怕之处了吗？

本章要介绍的，是宇宙刚诞生不久就如同翻倍游戏一样急速膨胀的故事。

## 宇宙“为什么”是从一个小火球中诞生的?

在第 2 章中，我们详细解说了大爆炸宇宙论。大爆炸宇宙论是成立在广义相对论与原子核物理学所奠定的基础之上的。而宇宙膨胀的发现与宇宙背景辐射的发现，进一步佐证了它的正确性。人类辛苦摸索到 20 世纪，终于获得了一个能够科学地解释宇宙成因的完善理论。

那么，光靠大爆炸宇宙论就足够了吗？它能够解释关于宇宙起源的一切吗？答案完全是否定的。把话说得极端一点，我们知道的仅仅是“宇宙在最初是个超高温的小火球”而已。关于宇宙的起源，尚有无数的未解之谜。

比如，宇宙为什么生来就是个超高温的小火球呢？大爆炸宇宙论对这一点根本没有任何解释。科学并不能止步于“是不是”，而是要进一步思考“为什么”。科学家认为一切现象皆有其原因，并且科学能够解释这些原因。

“不明白它的成因，反正就是这样”与“这是神创造的”并没有多大区别。换一个更加大言不惭的表述吧——科学家的思维就是尽可能地给创世神减减负，尽可能地用人类头脑能理解的方式解释成因。

不过，提出大爆炸宇宙论的伽莫夫对于“宇宙诞生时为什么是个小火球”这一点没有给出解释。对他来说，宇宙起源自小火球的构想更符合他的思路，所以就如此主张。当他在思考元素起源时，假定宇宙的初始是超高温的，一切就能说得通了。正如我们在第 2 章中探讨过，为什么宇宙中有许多氢、氦等轻元素呢？只需要将初期宇宙设想成超高温就都能解释清楚了。

伽莫夫的兴趣在于探索“宇宙中为什么轻元素较多”的原因，他本人也许对宇宙的诞生之谜并不是那么全情投入。

# 宇宙是从“奇点”中诞生的?

大爆炸宇宙论还留有一个非常恼人的问题，也是一个异常棘手的难题——“宇宙的起源是奇点”。

如果遵循大爆炸宇宙论，沿着宇宙的历史回溯，宇宙会逐渐变小，而温度与密度则越来越高。到达宇宙诞生的瞬间时，宇宙最终会变成一个点（大小趋近于 0）。此时，宇宙的温度和密度都会变成无限大。按照常理，宇宙大小变成一半（0.5）的时候，密度会变成原来的 2 倍，温度与密度的值与宇宙的大小互为倒数关系，如果宇宙的大小趋近于 0（除以 0），那么温度和密度就会变成无限大。此外，表示宇宙诞生瞬间时空扭曲程度的曲率值也会变成无限大。

如上所述的这个点被称作“奇点”，最令人头疼的就是，在奇点时，包括相对论在内的一切物理法则都无法成立。原因在于世界上其实并不存在无限大这样的数字。使用“无限大”作为数值，我们就无法进行正确的计算，也无法推导法则了。

综上所述，宇宙是从“奇点”这个物理法则无法成立的小点中诞生，之后又遵循“广义相对论”这一物理法则膨胀开来。这在科学观点上是个不完美的剧本，对解决奇点问题毫无建树。以上就是关于宇宙起源的奇点问题。

1965年，科学家发现了宇宙背景辐射，并开始承认大爆炸宇宙论的正确性。与此同时，宇宙论研究者们也意识到了这个奇点问题。于是乎，众人绞尽脑汁去研究“宇宙的起源能不能不是奇点”，结果产生了一种观点——“宇宙是不是在膨胀与收缩之间循环往复呢？”这种观点又叫“振荡宇宙模型”。

现在的宇宙很明显是在膨胀的，所以越是向前回溯，宇宙就会变得越小。但是，温度和密度增长到无限大就不好解释了，所以我们可以假设回溯到某个程度时，它就会反过来，越向前回溯就变得越大。进一步回溯，宇宙还会重复变小的过程。像这样，宇宙在膨胀与收缩之间循环往复，就被称作振荡宇宙模型。假如这种想法是对的，就能够解决奇点问题。

事与愿违，在20世纪60年代后期，人们寄予厚望的振荡宇宙模型被否决了。英国物理学家霍金与彭罗斯在数学上证明了“基于广义相对论，宇宙不可能在膨胀与收缩中循环往复”，也就是说，如果历史上的宇宙是遵照相对论来膨胀的话，那就必定起源于奇点。这也被称作奇点定理。

奇点定理得以证明，同时也意味着无法用科学对宇宙起源进行描述了。因为物理学乃至科学在奇点就不通用了，宇宙起源也随之超出了科学范畴，成为神之领域的问题。因此，许多科学家也认为“宇宙起源不是用科学能解决的问题”，这就是宇宙论在 20 世纪 70 年代的处境。

直到 20 世纪 80 年代，情况才柳暗花明。因为利用新式利器“基本粒子物理学”的知识，我们就能对一度被认为是“科学都束手无策”的宇宙起源难题发起深刻而尖锐的冲击。

# 基本粒子与宇宙的紧密联系

基本粒子是指将物质不断分割，直到无法再细分的极限微观粒子。

截至19世纪，人们都认为原子就是终极微观粒子。然而，从19世纪末到20世纪30年代，人们逐渐发现原子也能被分成原子核与电子，而原子核又由多个质子及中子构成。这个我们已经在第2章中介绍过了。

到了20世纪40年代之后，一下子发现了几百种被称作质子与中子同类的微观粒子。这些都能算是基本粒子吗？科学家们认为答案是否定的，应该还有更细小的零件构成了质子、中子和同类粒子。于是，夸克被发现了。

现在我们姑且公认夸克与电子是基本粒子。但是基本粒子的研究者认为还有更细小的微粒，正在继续钻研。这个话题就到后面再谈吧。

言归正传，基本粒子物理学是探究基本粒子本质及其性质的物理学一大领域，它又与宇宙起源的研究有怎样的联系呢？是不是觉得很不可思议？

请看下一页的图片。这是获得诺贝尔奖的美国基本粒子物理学家格拉肖所绘制的著名图示。

蛇（或者龙）吞下自己尾巴的图案，在古代纹章中被称作“衔尾蛇”。格拉肖在衔尾蛇之上按照规模大小顺序又画上了物质的层级。

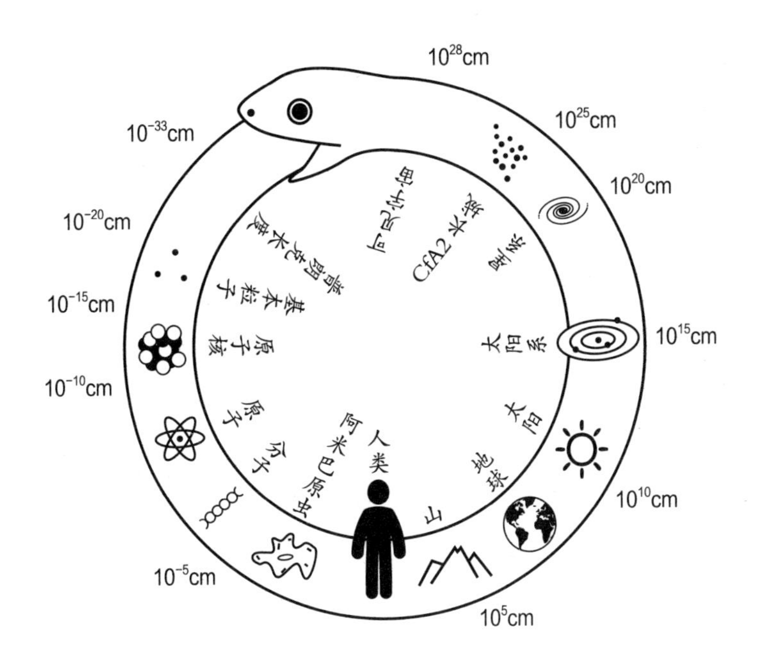


首先，最大的“整个宇宙（可见宇宙）”画在了蛇的头部。第二大的叫作 CfA2 长城，这是距离地球约 2 亿光年、长度超 5 亿光年、宽约 3 亿光年，由无数星系组成的一道墙壁。接下来从大到小依次是星系、太阳系、太阳、地球以及更小的物体。

反过来，尾巴的部分则画上了基本粒子。比它更小的普朗克长度是世界上最短的距离。然后从小到大依次是原子核、原子、分子、阿米巴原虫以及更大的物体。

像这样画出来一看，就会发现人类的大小为 $10^2$cm（100 厘米）级，几乎处于正中间。也就是说，人类刚巧位于最大宇宙整体与最小基本粒子的正中间。人类进入 20 世纪后，已经掌握了关于宇宙整体和基本粒子的知识。换言之，我们已经了解到了宏观的极限与微观的极限。

正如蛇吞下自己的尾巴那样，宏观与微观虽然是相反的两极，但又在极限处体现出很深的关联。它们相连接的地点就是宇宙的起源。因为宇宙是从一个高温的小火球中诞生的，而其中所有的物质又能被分解为基本粒子。

因此，对探究宇宙起源状态的宇宙论来说，能寻找极限微观粒子的基本粒子物理学是不可或缺的。越是研究宇宙，就越能看懂基本粒子，而有了关于基本粒子的新发现，人类对宇宙的理解也能更进一步。

# 暴涨理论的发表

在 20 世纪 70 年代，基本粒子物理学有了长足的发展，我们对宏观世界也有了更深的理解。然而在当时，几乎还没有科学家将基本粒子的相关知识应用到宇宙起源的研究中。

另外，20 世纪 70 年代初，我在京都大学研究超重恒星在生命末期发生的大爆炸“超新星爆发”的机制。由于需要用到一些基本粒子的知识，我就自学了一下，学的是当时最尖端的理论“大统一理论”。

学了这种理论之后，我发现将其与大爆炸宇宙论结合起来，就能给宇宙起源描写出崭新的剧本。在那之前，我研究的都是超新星爆发一类的课题，也就是所谓的天体物理专攻，却因为这件事而将目光转向了宇宙论。

接着到了 1980 年，我被位于丹麦首都哥本哈根的北欧理论物理学研究所招去当客座教授，对初期宇宙展开了研究。在那里，我写了三篇论文，投稿到欧洲的学术杂志，还在意大利召开的国际会议上进行了公开发表。

内容为“宇宙诞生后，立刻如同翻倍游戏一样发生加速膨胀，结束后释放出大量的热能，形成了超高温的火球宇宙”。当然，在这些论文之前，还没有任何人设想过宇宙会如此急速膨胀。

我在当初将这种宇宙模型称作指数函数级膨胀模型。在我发表该理论半年后，美国物理学家固斯独立发表了一种几乎与我相同的理论。他将其命名为“暴涨宇宙模型”。暴涨原是用来形容物价飞腾情形的经济学用语，很多人早就熟悉了这个词语，名字取得确实不错。因此，这个理论现在就被称作“暴涨理论”。①

大爆炸宇宙论一直都认为宇宙自诞生以来，膨胀速度都在逐渐减缓，处于一个“减速膨胀”的过程。而暴涨理论则认为宇宙诞生后很快就开始了剧烈的加速膨胀，也就是膨胀速度呈指数级增长的大膨胀（暴涨膨胀），剧烈膨胀结束后才进入减速膨胀（请参考下页图示）。这么一假设，宇宙起源于超高温的原因和后文中初期宇宙的种种谜团都迎刃而解了。

暴涨膨胀的形式存在着好几种模型，下面就介绍其中一种吧。这种模型认为在10的-34次方秒（一兆分之一×一兆分之一×一百亿分之一秒）间，宇宙变大了10的43次方倍（1000兆×1000兆×10兆倍）。真是令人瞠目结舌的膨胀。

---

① 以上及后文相关的内容为作者个人观点。暴涨理论的提出者，一般认为是美国麻省理工学院的科学家阿伦·固斯。——编者注

## 既有理论

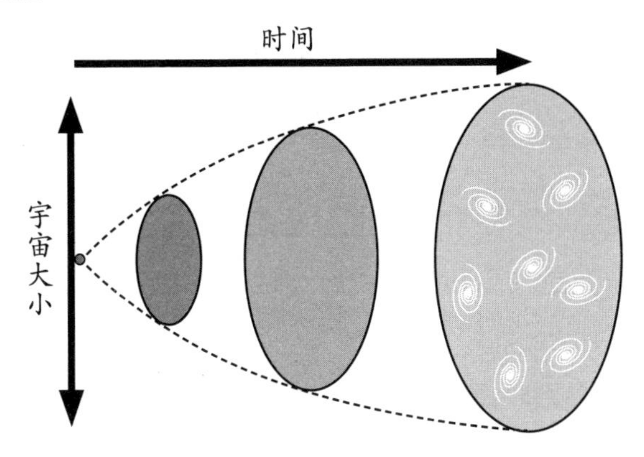


宇宙在持续进行平缓的减速膨胀。

## 暴涨理论

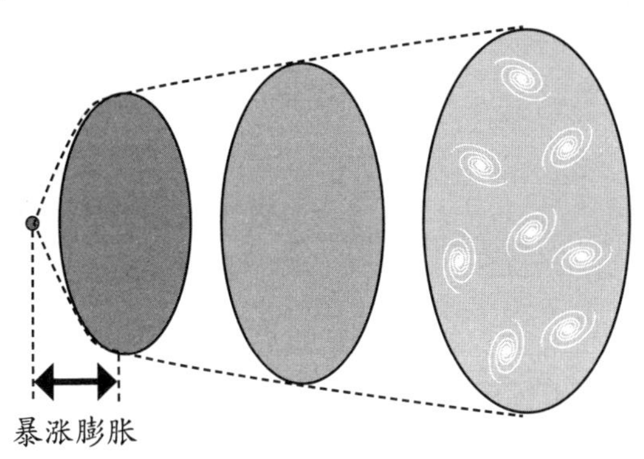


宇宙初期开始了剧烈的加速膨胀（暴涨膨胀），之后进入减速膨胀。

※ 宇宙大小与时间尺度仅为示意，并非准确比例。

# 真空相变是什么?

我能想出暴涨理论，契机便是意识到了“大统一理论所预言的真空相变，或许对宇宙历史造成过很大的影响”。那么真空相变又是什么呢?

首先要解释一下基本粒子物理学中的真空概念。

大多数人都认为真空就是“内部空无一物的空间”吧? 在我们的日常生活层面上，这个想法没什么错。但是在基本粒子的世界中,还是有点不对。因为在微观世界并没有“零”或者“无”的状态。

比如，将能量设为零，就相当于将物质的温度设为绝对零度。在绝对零度下，由于能量为零，从微观层面观察物质时，一切分子或原子的运动理应完全停止。

可是，就算温度降到绝对零度，分子或原子也会进行一种被称作“零点振动”的微小运动。也就是说，我们无法将能量完全“归零”，总有极其微小的量残留着。

此外，凭借人类现在的技术，还不可能实现绝对零度。但是，我们已经通过实验证明了：极限地逼近绝对零度时，测量物质的能量数值可知,即使到达绝对零度,也有一定能量残余,不会完全消失。

同理，从微观视角来看，真空并不是“完全没有物质及能量的空间”，而是拥有极微量的能量。换一种表述，也可以认为残余的能量是“空虚空间本身所拥有的能量”。

接下来要说说什么是相变。相变是指“以某个时间点为界，物质的性质突然发生变化的现象”。这并不局限于基本粒子的世界，在我们身边也很常见。

比如，将水冷却，到达 0℃后，水的状态就突然变化成了冰。水和冰同为 $H_2O$ 这种物质，而液体水与固体冰有着不同的密度，性质也大相径庭。因为水在 0℃发生了相变，变成了冰。同样地，水在 100℃变成水蒸气也是相变。

如果水的冷却速度很缓慢，到达低于 0℃的冰点之下，仍有可能不会变成冰。这种状态被称作“过冷却”。但它终究会到达忍耐的极限，一下子变成冰。此时，过冷却水会释放出一种叫“潜热”的热量，将自身加热。因此，形成的冰会回到 0℃。

大统一理论中就有一种观点认为“真空会发生相变”。言下之意就是，真空的性质在经过某个时间点后，会发生骤然变化。到底是什么性质变了呢？就是它拥有的能量变了。在相变之前，真空拥有巨大的能量，可相变之后，能量突然减少了。

但是，拥有巨大能量的真空究竟是怎样一种状态呢？大家一定很难想象吧？从某种意义上来说，大家想不明白也是必然的。因为在当初，就连研究基本粒子的专家也不相信真空会发生相变。

在当时，真空相变被理解为“研究基本粒子状态时的一种计算技巧”。举例来说，在算账有亏损时，我们会在账本的金额上写负多少元。这并不代表我们拥有写着负数金额的钞票，而是将亏损状态以负数的形式记录下来，从而方便计算。科学家曾认为真空相变就是这样一种取巧的方法，实际上并没有发生真空相变这种现象。

我想，在实际的宇宙历史中，真空相变这种现象或许真的发生过。

# 大爆炸的玄机

刚刚诞生的小小宇宙处于内部没有任何物质的状态，也就是所谓的真空。但是，如果宇宙历史上真的发生过真空相变，那这一瞬间就应该是真空进行相变之前，于是这真空就应该拥有巨大的能量。

所以我给真空加上了拥有高能量的新条件，再用广义相对论的方程式求解。得出的结论是：宇宙会进行极其剧烈的加速膨胀。这就是暴涨膨胀。宇宙在一瞬间完成了几十位甚至几百位数值的倍增。

通过暴涨膨胀，宇宙在一瞬间就获得了巨大的能量。接下来就说说其中的原理吧。

正如前文所述，真空的能量是指空虚空间本身所拥有的能量。因此，性质为真空的宇宙越大，真空能量的总量也会越大。如果宇宙空间的内部存在能量，那么宇宙在扩大的过程中，能量的密度也会被稀释。但是，真空的能量并不存在于真空的宇宙内部，而存在于性质为真空的宇宙本身，“盒子本身”就是能量。因此，就算宇宙变大，真空能量的密度也不会被稀释，而是维持恒定，且总量逐渐增加。

“口袋里有一块饼干，拍拍口袋，饼干变两块。”这是童谣《奇妙的口袋》（作词，窗道夫；作曲，渡边茂）的歌词，大家听过吗？拍过口袋之后，饼干变成了两块。分裂之时，正常来说那两块的大小会变成原来的一半，饼干的总量并不会变。但如果拍过之后的饼干都各自变为原来那一块的大小，就不得了了。而将其化作现实的并不是奇妙的口袋，而是奇妙的真空能量。因为宇宙变成两倍大时，真空能量的总量也会变成两倍大。

如上所述，宇宙在一瞬间进行几百位数值的倍增，宇宙整体的真空能量也会增加几百位数值。跟曾吕利新左卫门所要求的米粒一样，宇宙所拥有的能量犹如翻倍游戏一样实现了激增。

只不过，这么急剧的膨胀没有持续多久。因为真空发生了相变。接下来，由于真空的性质变了，急速膨胀也结束了。同时，就像过冷却水变成冰会释放潜热那样，因暴涨膨胀而激增的真空能量也转变为了庞大的热能。因此，宇宙整体在一瞬间就被加热到超高温，发生了大爆炸。

以上就是将基本粒子物理学与大爆炸宇宙论组合起来催生的暴涨理论概况。应该有很多人觉得这解释非常难懂吧？其实基本粒子物理学本就非常艰深，要轻松地介绍给普通读者是相当困难的。大家只需要知道“宇宙诞生不久后就发生了急剧膨胀，这段膨胀结束后，宇宙被加热到超高温状态”就足够了。

补充一点，“大爆炸”这个词一般来说有两种含义：可以指代宇宙诞生这一事件，也可以指代宇宙诞生后变作火球状态的事件。我们刚才说了宇宙在暴涨膨胀之后就变成了火球宇宙（大爆炸事件），所以本书从这里开始提到的“大爆炸”基本上都是指后者。

再说一个引人深思的话题吧。真空能量其实与第 2 章中爱因斯坦假设存在的宇宙常数在数学上拥有相同的意义。宇宙常数是爱因斯坦假设存在的宇宙空间斥力，目的是为了让宇宙保持恒定的大小。后来爱因斯坦本人认可了宇宙膨胀的事实，并后悔地说“引入宇宙常数，是我一生中最大的错误”。可是，在宇宙初期却真的存在（数学意义类似的）宇宙常数，并且它还引发了暴涨膨胀。尽管数值大小与爱因斯坦的预想相差甚远，但“空间拥有斥力”这个想法本身并没有错。

更进一步说，我们认为现在的宇宙空间也残留着一定的斥力。这个话题就在第 5 章中详谈吧。

# 为什么宇宙是“平的”？

如此这般，暴涨理论成功解释了宇宙大爆炸的成因和原理。暴涨理论的优越之处还不止这些，有好几个无法仅凭大爆炸宇宙论来描述的未解之谜，都靠着暴涨理论得以解决了。

其中一个谜团就是“宇宙为什么如此平坦”。学术上把这个谜团称为“平坦性问题”。

第 1 章介绍广义相对论的时候，我们说到只要物质存在，周遭的空间就会发生扭曲。那么我们宇宙内部的物质，也就是星系等天体让宇宙产生了多大的扭曲呢？答案是：并没有，宇宙几乎完全平坦。如果宇宙空间扭曲得很厉害，我们或许能够更早地意识到“空间会扭曲”这一事实。在引力非常强的天体（比如黑洞等）周围，空间会大幅度扭曲，可当我们扩大到宇宙整体来观察时，宇宙就显得几乎是一望无际的平坦。

正是这一事实带来了恼人的问题。根据广义相对论来推导，如果宇宙是从平坦状态逐渐膨胀，想要变到如今这么广阔的程度是非常困难的。

我年轻时很喜欢登山，就以山为例来解释吧。假设我们沿着一条细细的山脊路行走，边踢着一块石头边向前进。踢石头的时候必须慎之又慎，不论偏左还是偏右，石头都会滚出山脊路，掉落到山谷里。如果无法精准地控制踢出的速度和方向，就别想踢着石头走完山脊路了。

与此相同，如果想让宇宙在膨胀的过程中保持平整，就需要设置一个初始条件，比如将宇宙从最初开始膨胀时的速度严密地控制在小数点 100 位后。初始条件哪怕有一点点偏差，都会导致稍微膨胀了一下又开始收缩，转眼间就垮塌，或者反过来开始以惊人的速度持续膨胀。不论哪种情况都并非现在的宇宙状态。

那么，莫非初始条件真的偶然间满足了上述要求吗？还是说有一位神完美地预设好了初始条件呢？科学家不喜欢“偶然如此”或者“是神定的”这种说辞，无论如何都想找到“并非偶然，是自然发展至此”的解释。

暴涨理论就完美地解决了这个平坦性问题。

举个例子，我们知道地球是圆的，却很难认识到它是圆的。因为地球比人类的身体大非常多，我们就意识不到地球是圆的、地表是弯曲的。

同样，或许宇宙整体是扭曲的，而我们只是还没注意到。因为宇宙经历了剧烈的暴涨膨胀，被拉扯得非常巨大，而我们只能观察到它的一小部分。就好比一张凹凸不平的橡胶布被鼓足劲拉扯开，光看它的一小部分会显得几乎完全平坦。

# 暴涨理论的证据①：宇宙背景辐射的波动

暴涨理论还就“视界问题”“宇宙的大尺度结构”“磁单极子问题”等给出了答案，碍于本书版面有限，只能将详细说明忍痛割爱了。感兴趣的朋友也可以去读一下我的另一本拙作《宇宙论入门——从诞生到未来》，会讲得更偏专业一些。

现在，暴涨理论已经成为描述初期宇宙状态的标准性理论，受到了大多数研究者的支持。并且，根据我和固斯提出的早期模型进行改良后的新暴涨模型也接二连三地被学者提出。暴涨理论的出发点“大统一理论”也变得更丰富多样，人们对暴涨膨胀引发的真空相变也有了更深的理解。

况且，在对真实宇宙进行的观测中，也发现了一批支持暴涨理论的结果。这些成果都归功于观测宇宙背景辐射的专用人造卫星。

1989 年，NASA（美国航空航天局）发射了一颗名叫 COBE 的人造卫星。根据 COBE 的详细观测，再次证明了宇宙背景辐射就是火球宇宙时期的光的化石。另外，COBE 最大的成果是发现了宇宙背景辐射的强度有微小的波动（强弱起伏）。

在第 79 页，我们说过“不论是来自宇宙哪个方位的宇宙背景辐射，它们的强度都是相同的”。但是，根据暴涨理论，也并非完美无缺的等同，而应该存在极其微小的强弱起伏。它来自初期宇宙温度的起伏，同时也代表着物质分布密度的起伏。尽管初期宇宙整体上都是超高温的，但其中总有温度稍高与稍低的部分。温度高的部分物质密度会稍高一些，温度低的部分密度会稍低一些。科学家认为就是因为密度的起伏（或者密度的波动），才形成了现在的宇宙结构。密度高的部分成了种子，逐渐成长后形成了星系、星系团、超星系团等天体，创造出了宇宙的大结构。以上便是暴涨理论的观点。

过往的观测并没能找到宇宙背景辐射的波动，而COBE终于发现了它。波动的幅度仅有十万分之一。发现当时（1992年），COBE的研究主管还说过：“这下大家终于能相信暴涨理论是对的了。”他们在2006年获得了诺贝尔物理学奖。

2001年，NASA发射了COBE的后续机型——人造卫星WMAP，对宇宙背景辐射进行了更细致的观测。另外，2009年，ESA（欧洲航天局）发射的人造卫星“普朗克”以超越COBE和WMAP的感应精度观测了宇宙背景辐射。

对宇宙背景辐射进行详细观测，就可以估算出宇宙从大爆炸时的超高温冷却到现在的温度需要花费多少时间。这也相当于知道了宇宙的年龄。

根据“普朗克”的观测，可以算出现在的宇宙年龄大约为138亿岁。宇宙背景辐射提供了大爆炸的证据，验证了暴涨理论的正确性，还进一步告诉了我们宇宙的年龄。

## 暴涨理论的证据②：神秘的原始引力波的发现

通过人造卫星对宇宙背景辐射的精密观测，许多科学家开始承认暴涨理论的正确性。不过，严谨地说，只能认为宇宙背景辐射的诸多性质与暴涨理论的预测“并无矛盾”。

在此基础上更进一步，被认为是证明暴涨理论正确的完美证据、决定性的，便是原始引力波的发现。

暴涨膨胀发生后，空间的扭曲程度就会激烈变动，其变化会化作波，以光速传播出去。这就是原始引力波。

当然，除了宇宙初期产生的原始引力波之外，现在的宇宙也会产生引力波（并非原始，而是普通的引力波，引力波和原始引力波是两个概念）。像重恒星在生涯的最后一刻发生大爆炸，即超新星爆发那样非常激烈的天文现象发生时，才会释放出引力波。引力波的存在已经得到了间接性的确认，但原始引力波比普通的引力波要弱小得多，就算是间接观测也无法确认到。在 2016 年，曾经只能间接观测的引力波在美国等国家组成的国际研究团队的攻克下，终于可以直接观测到了。这个世界级的大发现，将在本书最后的“文库版后记”中进行详细介绍。

回到 2014 年 3 月，美国的研究团队公布，建设在南极的 BICEP2 望远镜捕捉到了原始引力波的痕迹，引发了热议。研究团队使用 BICEP2 观测宇宙背景辐射，发现了一种叫“B 模偏振”的特殊旋涡纹样。详细解释太过专业，就先省略了。总之，科学家认为这种旋涡纹样很可能是原始引力波带来的影响。因为原始引力波是暴涨膨胀而产生的，所以这种旋涡纹样被认作宇宙诞生不久后进行过暴涨膨胀的决定性证据。

可是消息发表后没多久，就有人提出了疑问，认为这种旋涡纹样并不是原始引力波导致的，而是受银河系内尘埃影响形成的杂音信号。最终，BICEP2 的成果被否定了，世界级的大发现终究成了一个泡影。

不过，这当然不意味着暴涨理论错了。包括日本研究团队在内的全世界众多研究者都在卧薪尝胆，想要亲自检测出真正的原始引力波呢。我认为通过观测银河系尘埃较少的区域等尝试，在不远的将来一定能真的找出原始引力波，掌握暴涨理论的决定性证据。并且，我期待着在 21 世纪内能够对原始引力波进行详细观测，算出暴涨膨胀从何时开始、到何时结束、膨胀的程度是多么剧烈，以及它们的准确数值。

## 专栏3 物理学家的野心——归纳出自然界中所存在一切“力”的规律

物理学是一门通过研究物质及物质间的“力（相互作用）”来理解自然界现象及其性质的学科。

自然界中大致存在着四种力，分别是引力、电磁力、强力、弱力。

“强力”“弱力”这两个名字听上去可能怪怪的。它们俩都是只在原子核内部产生作用的力。在原子核中产生作用的力中，有一种比较强，有一种比较弱，在把它们随口叫作强力、弱力的过程中，不知不觉成了正式名称。

### 四种“力”

自然界中的一切力都能够归类为四种力中的某一种。比如说，使肌肉动起来的力源自肌肉内部发生的化学反应，而化学反应又是通过电磁力产生的，所以它也被视作一种电磁力。

物理学的历史也可以说是一部将各种力进行统一归纳理解的历史。

比如，牛顿就是看透了苹果坠落地面时和月亮绕地球旋转时，都是“地球吸引对象物体（苹果或月亮）”的同一种力在起作用。当时，人们还认为地球上的力和天上（宇宙中）的力是截然不同的，而牛顿则将二者统一成了同一种力，也就是万有引力。

另外，我们还曾经认为电力和磁力是两种不同概念。不过到了近代，我们终于明白电生磁、磁生电，两种力其实是同样的概念，于是就统一成了电磁力。

创造出对引力、电磁力、强力、弱力这四种力进行统一解释的“大统一理论”，也可以说是物理学家的毕生夙愿。

### 物理学家们的追求

爱因斯坦的后半生致力于将引力与电磁力进行“统一场论”研究，但以失败告终。由于当时尚未充分理解强力与弱力的存在，所以爱因斯坦的尝试相当于“统一所有的力”。因此，力的统一理论也被称作“爱因斯坦的梦想”。

物理学家在此前已经成功创造出了将电磁力与弱力统一的电弱统一理论（温伯格 - 萨拉姆理论）。现在进一步将强力统一进来的大统一理论研究也在推进，但还不能算是完全成功。

我在第 106 页写道，令我构想出暴涨理论的契机就是思考了真空相变是否可能在宇宙中实际发生。而真空相变就是大统一理论所预言的现象。

一般认为最难的就是将引力和其他力统一起来解释。因为引力的理论就是广义相对论，所以将广义相对论与其他力学理论间的矛盾消除并使其统一就成了物理学家的终极目标之一。

科学家认为，在超高温的初期宇宙，四种力完全就是同一种力。随着宇宙的膨胀和冷却，力被分成了四个分支，成了不同的力。换言之，研究力的统一理论，也有助于我们追寻宇宙的历史。

# 第 4 章

## 宇宙是从“虚无”中诞生的吗?

量子引力理论下的宇宙起源

# 我们的宇宙是“母宇宙”所生的孩子?

第 3 章中介绍的暴涨理论，解释了宇宙在诞生后不久就经历了如同翻倍游戏般的急剧膨胀。而宇宙会变成超高温，便是由于暴涨膨胀。

然而，这些都是宇宙诞生之后才发生的事情，并不是宇宙诞生这一事件本身。关于宇宙真正的起源，也就是宇宙诞生的机制，就连暴涨理论也无法解释。

况且，正如第 3 章中说明过的那样，只要探究宇宙起源，就有“奇点问题”这个难关阻挡在前。再加上奇点定理已经得到证明，我们身处的状况就好比举起白旗说科学已经无法解释宇宙起源了。

通过应用暴涨理论，还能够提出一个关于宇宙起源的有趣假说。那就是——我们的宇宙有可能是从“母宇宙”中生出来的年轻宇宙。实在是很大胆的假说。我们把它叫作“宇宙的多重生产”。1982 年，我和当时的年轻研究者（前田惠一、小玉英雄、佐佐木节等人）就这一假说共同发表了论文。

假说的机制是这样的。首先，母宇宙发生暴涨膨胀，生出类似于溢出物的子代宇宙。母与子在最初通过被称作虫洞的通道相连接。虫洞顾名思义，类似虫蛀出来的孔洞，是可以将两个宇宙或者一个宇宙相隔较远的两点连接起来的时空捷径。连接母宇宙与子宇宙的虫洞也可以比作脐带。

将两个宇宙或同一时空中远离的两个地点连接起来，二者之间存在着一个可以瞬间移动（传送）的通道，听上去未必太像科幻小说了。其实我们很早以前就已经知道，只要对广义相对论的方程式求解，就能在理论上预测出虫洞的存在。只不过在真实的宇宙中，还未能确定虫洞的存在。

接着，当暴涨膨胀结束并发生大爆炸后，虫洞就被切断了，两个宇宙就无法互相往来或是进行通信了。子宇宙完全独立于母宇宙，形成了一个单独宇宙。如果子宇宙中再次发生暴涨，还可能创造出孙宇宙，循环往复下去。

也就是说，我们的宇宙有可能是某个母宇宙的子孙。在我们不知道的地方，也许还存在着我们的兄弟宇宙呢。

如果将我们的宇宙诞生机制用“母宇宙生的”来解释，也没法解答母宇宙是怎样诞生的。母宇宙的母宇宙呢？疑问就无穷无尽了，变成了“先有鸡还是先有蛋”的问题。归根结底，最初的宇宙是如何诞生的，这个疑问不论用暴涨理论还是宇宙的多重生产假说都无法解释。

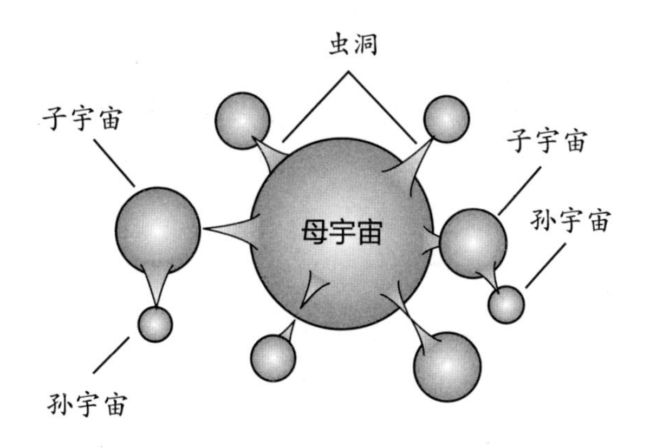


我们的宇宙也许是某个“母宇宙”的子孙?

## 关于“从无到有创造宇宙”这种思路

那么，关于宇宙起源问题，科学家就只能举白旗了吗？

大约在我提出暴涨理论后的第二年，我和一个物理学家朋友就宇宙起源问题展开了讨论。他说了下面这句话：

“宇宙必须是从无到有创造出来的才行啊。”

紧接着，没过多久（1983 年），他提出了大意为“宇宙是从没有物质、时间、空间的‘虚无’状态中诞生”的假说，并发表了“从无到有的宇宙创始论”。他的名字叫维连金，是我30 年的好朋友。

从无到有创造宇宙——听上去真是个不可思议的点子。

我们在第 2 章中说过，宇宙的起源即“时空的起源”。简言之，现代宇宙论认为“时空有起始——在那‘之前’，既没有时间也没有空间”。

时至今日，我们都是根据时空的物理学“相对论”来探究宇宙历史的。不论是大爆炸宇宙论还是暴涨理论，它们的基础都是相对论（尤其是广义相对论）。

可是广义相对论也未曾涉及时空诞生的机制。相对论所展示的是既有的时空与其内部物质之间的相互关系，而没有对时空或物质的起源进行过解释。

没有时空也没有物质，即从空无一物的状态创始宇宙，并孕育出世间万物，听上去像是超越人智的神祇才能成就的伟业。实际上，约1600年前，活跃于古罗马末期的神学家奥古斯丁就已经提出“神从‘无’中创造宇宙”的主张。

根据他的说法，神是从虚无中创造出宇宙的，在那之前既没有时间也没有空间。奥古斯丁认为无中生有才能体现出神的全能性，并以此来赞颂神的伟大。

维连金的“从无到有的宇宙创始论”当然不是借助神力的学说。他试图以科学的方式解释宇宙从虚无中诞生的原理。

第一次从他那里听到这种思路时，我就觉得“从无到有创造宇宙，真是个古怪的想法”，转念一想，“终究还是必须这么思考啊”。因为，始终坚持从“有”中创造“有”就会没完没了，在一切起源的最初，只可能是“无中生有”啊。

## 掌握宇宙起源关键的“量子引力理论”

在维连金发表论文的同一时期，证明了奇点定理的霍金又提出了新的学说——“宇宙如果是在‘虚时间’这一特殊时间点诞生的，那么宇宙的起源就可以不是奇点”。我和他也有很深厚的交情，我们两家的亲属都经常往来。

霍金于 2018 年 3 月 14 日逝世，享年 76 岁。在他去世的前一年，我见了他最后一面，他正精力旺盛地举办演讲，还和年轻人一起进行最新的研究。他的一生都追随好奇心的感召，不断挑战并解开新的谜题，还通过面向大众的著作向大家传达“世界和宇宙正因为充满谜团，所以才格外有趣”的理念。

在第 3 章中我们说过，由于霍金证明了奇点定理，用科学方法描述宇宙起源的道路暂时被封闭起来。但他又披露了一个超越自身理论的美妙创想，再次向宇宙起源之谜发起冲击。

为了解开宇宙起源这一终极谜题，维连金与霍金使用了一种新式利器。它的名字叫量子引力理论，是将微观世界（约百万分之一毫米级以下的世界）专用的物理法则“量子论”与广义相对论融合后的理论。不过它还没有彻底完善，是仍在创建过程中的理论。

在微观世界中，物质被与我们肉眼所见世界（宏观世界）不同的规则束缚着。其中有个规则是，“微观物质的位置、动量、能量等并非一个固定数值，而是一个模糊的值”，被称作“不确定性原理”。比如，某个瞬间，一个微观的电子“在这里，也在那里”，处于一个奇特的位置，仿佛是分身之术。

我们在第3章中解释过微观世界不存在零或者无的状态，这便是基于不确定性原理得出的。因为无法肯定“什么都没有”的单一状态，所以物理学中不承认完全的虚无。

前面已经强调过好几次了，大爆炸宇宙论是基于广义相对论的宇宙模型。另外，宇宙的规模会随着向前回溯而越变越小，最终变得比基本粒子还要小得多。所以，当我们思考宇宙如何诞生的问题时，也必须将微观世界的物理法则“量子论”一并吸收进来。想要研究宇宙起源，将广义相对论与量子论融合后的量子引力理论是必不可少的。

# 宇宙穿过隧道从虚无中诞生

首先，让我来解释一下维连金的“从无到有的宇宙创始论”吧。

在介绍暴涨理论的时候，我们说过真空并不是真正空无一物的空间，其中是有能量的。并且，真空中到处都会发生基本粒子突然凭空诞生、下一个瞬间又突然消失不见的现象，并如此循环往复。换言之，真空并不是完全的虚无，而是时常在“无”和“有”之间摇摆的状态。维连金认为就是从这样的“无”之中诞生出了“有”，也就是最初的微观宇宙。

维连金还更进一步地将视线转向了量子论揭示的隧道效应现象。这是指微观粒子会在无法跨越的墙壁上打开隧道并穿透过去的现象。

棒球打在墙壁上，球会被墙壁反弹回来。想要穿透墙壁就需要用非常快的速度投掷出球，也就是必须给予这个球庞大的能量。

可是，当电子被困在薄膜内部的时候，就算电子身上没有足够的能量，也会发生穿透薄膜的现象。这是因为电子临时借来了能量，做出了超过原有能量的功。“微观物质可以临时借来能量”也是量子论揭晓的微观世界的规则之一。

根据维连金的理论，最初的宇宙处于能量为零、大小为零的虚无状态（在“无”和“有”之间摇摆的状态），在诞生与消失之间反复。这个状态下，宇宙无法作为一个实际存在物出现在世界上。

然而在某个时刻，宇宙因为隧道效应而变成了拥有极小实体的存在，凭空出现了。听上去也许非常令人难以置信，但维连金就像这样用科学的语言描述了“从无到有创造宇宙”这仿佛神迹的具体过程。

## 宇宙是在“没有尽头的地方”诞生的吗?

另外，霍金尝试使用量子论中的特殊时间——“虚时间”来解释宇宙起源。这种理论被称作“无边界假说”。

虚数是指平方数为负数的数字。普通的数字（又叫实数）在二次方时必定能获得正数。相对而言，平方数为负数的数字，是想象中的数字，则为虚数。

我们身边的一切事物都是使用实数来测量的。我们所知晓的时间也是用实数来呈现的实时间。另外，虚数是无实体的数学空想概念。

在量子论中，计算引发隧道效应的概率时，为了方便，我们会使用“虚时间”这样一个概念。霍金在当初据说是为了使宇宙起源避开奇点，而将虚时间用作一种计算技巧。可他在后来又改口说：“虚时间是真实存在的，宇宙实际上是在虚时间中诞生的。”

想要理解霍金的想法，大家可以参考下一页的图示。图中的纵轴表示时间的历程，横截面则表示宇宙的大小。

在既有的模型中，宇宙的大小越往过去回溯就越小。大家可以想象一个顶点朝下的圆锥体，横截面的面积大小就相当于宇宙的大小。而宇宙的起源则是类似圆锥体顶点的特殊的一点，即奇点。

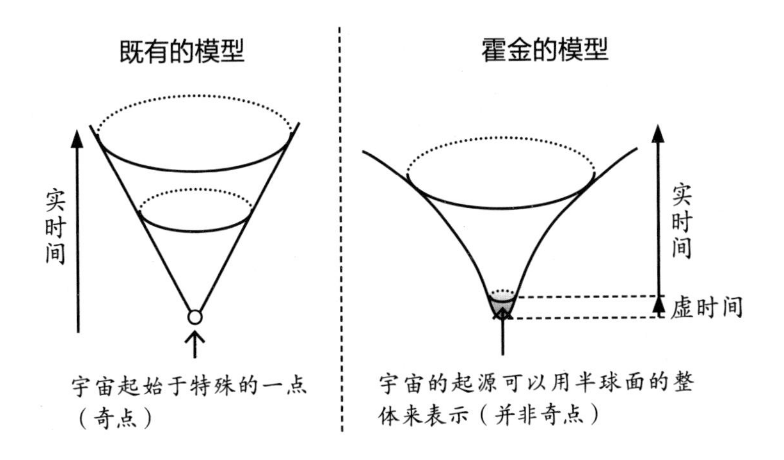


霍金通过将宇宙设想为从“虚时间”中诞生，从而使宇宙起源避开奇点。

相对于既有的模型，霍金给出的宇宙创始模型中，宇宙的起始并非一个点，而是可以用一个小小的半球面整体来表示。“宇宙在虚时间中，在不知哪里是起点的地方，就已经开始了。”霍金如此解释道。正因为其没有起点，也没有尽头（边界），所以这个构思就被命名为“无边界假说”。而虚时间转化为实时间的那一刻，就相当于隧道效应中“出隧道”的一瞬间，微观宇宙会突然现身。

对于维连金与霍金各自诠释的宇宙起源,大家感想如何呢?“宇宙从无到有诞生于世”这种观点，尽管不说清楚就会没完没了，但说出来了又总让人觉得太过异想天开，很难接受呢。

当然，他们的理论基础“量子引力理论”还未完善，只能说是建立在假说之上的假说，算不上是明确描述了宇宙诞生时的状况。可是，我认为它在基于已知物理学对宇宙起源进行解释的层面上，具有一定的说服力。如果量子引力理论在今后能够进一步发展，并接近完善，那么对宇宙起源之谜我们一定能够得出更明确的结论。对此我很期待。

# 人类所揭晓的宇宙历史

接下来，我会一边整理从第 1 章到第 4 章的内容，一边讲讲现代宇宙论语境下的宇宙历史。

首先，最初的宇宙处于量子论中的虚无状态，在生成与消灭中循环往复。而到了某个时刻，由于隧道效应，宇宙变化为比基本粒子还小得多的实体，突然凭空出现在世界上。这就是宇宙诞生的瞬间。一般认为这个时间是大约 138 亿年前。

刚出生，宇宙就因为真空能量而在一瞬间如同翻倍游戏一般进行了加速膨胀（暴涨膨胀）。由于真空能量是空间本身所拥有的能量，随着空间的扩大，能量也显著增长。于是宇宙内部产生了庞大的能量，就是在这些能量中诞生出恒星与构成我们身体等的一切物质。

暴涨膨胀随着真空相变的结束而告一段落。与此同时，真空能量也变成了热能。宇宙被加热到超高温[①]，变成了小小的火球宇宙。这个过程被称作大爆炸。暴涨结束并变成火球的宇

① 暴涨膨胀结束后的宇宙温度，根据模型不同，有很大的差异。我和固斯提出的原版模型显示数值有 10 的 28 次方 K，后来其他人提出的改良版模型中，一般认为温度会更低一些。

宙的大小，根据科学家的想象，顶多也只有数十厘米。由于暴涨之前的宇宙的尺寸比基本粒子还要小，但在一瞬间就扩大到几十厘米，已经算是极其惊人的急速膨胀了。

完成急速膨胀的超高温迷你宇宙，在之后转入减速膨胀。在宇宙诞生万分之一秒后，产生了质子与中子，三分钟后质子和中子结合成了氦等轻元素的原子核，也就是所谓的“元素三分钟料理”了。顺带一提，组成我们身体的碳、氧、氮、铁等较重元素都是恒星在核聚变燃烧时剩下的残余。而比铁更重的元素（金、银、铀等）是在超新星爆发时产生的。

时间又经过约 38 万年后，持续膨胀的宇宙大小已经到达了现在的千分之一左右，温度也降到了约 3000K。于是，此前一直在自由飞舞的电子被原子核吸引，构成了原子。因为这一变化，此前被宇宙空间中到处飞舞的电子阻挡去路的光，终于可以笔直前进了（宇宙放晴）。这些可以直射的光，在日后成了宇宙背景辐射，它们的波长在现今的宇宙中已经被拉伸至 1000 倍，成为 3K 无线电波，充盈在整个宇宙中。

至此的内容都在本书中进行过详细说明，接下来就对之后的宇宙历史做个简单总结吧。在宇宙中，以氢为主要成分的气体因引力而聚集，密度与温度也逐渐提升。当温度达到 1000 万摄氏度左右时，就会发生核聚变，恒星也因此诞生。科学家认为最初的恒星是在宇宙诞生大约 2 亿年后形成的。

在广阔宇宙的小小角落中，太阳、地球以及太阳系的众多行星，是在大约 46 亿年前诞生的。而到了大约 40 亿年前，地球上诞生了最初的原始生命。生命在经历数次灭绝危机的旅程中，耗费漫长的时间实现了进化。终于，在约 500 万年前，人类的祖先出现了。这批人类在约 400 年前创造出了近代科学，并在 100 年前掌握了广义相对论。接下来，在短短的 100 年间，我们就成功描绘出了宇宙 138 亿年的历史脉络。

广义相对论之父爱因斯坦曾说过：

宇宙最不可理解之处，就是宇宙能被理解。

在宇宙 138 亿年历史的尽头才诞生的人类，依靠仅重 1400 克的大脑，就能理解广阔宇宙的全貌与历史，在我看来实在是很不可思议，堪称奇迹，又美妙至极。骄傲自满当然是不可取的，但在这里赞赏一下我们人类的丰功伟绩一点都不过分吧。

# 第 5 章

## 是否存在无数个宇宙？

第二次暴涨与膜宇宙论带来的冲击

# 宇宙之谜到底有没有被解开？

正如前面介绍的那样，我们利用以相对论为主导的科学理论，成功描绘出了宇宙历史的脉络。利用人造卫星等设备获得的最新观测结果也与理论基本一致。也就是说，宇宙论研究者的预言的正确性已经能够被证实。这真是令人非常欣喜。

但是也不能总想着开心事了。如果宇宙论中的谜团基本都被解开了，我们也就快失业了。那么涉及宇宙本质的谜团是否已经被解开了呢？

当然没有。现代宇宙论虽然成功勾勒出了宇宙历史的大致骨架，但是为其填充血肉的工作才刚刚开始。牛津大学的宇宙论权威 J. 西尔克如此说道：

> 宇宙论研究绝对还没结束，恐怕只是初始阶段刚结束吧。

他的话绝非无凭无据，WMAP 与“普朗克”等人造卫星的观测结果就告诉我们：宇宙中还有个惊天大谜团有待解答。据说在构成宇宙的要素中，我们所熟知的仅有 5% 左右（不过这并不是靠人造卫星观测才知道的事，而是宇宙论研究者人人皆知的基本难题）。

### 构成宇宙的要素

（根据“普朗克”卫星观测的数据）

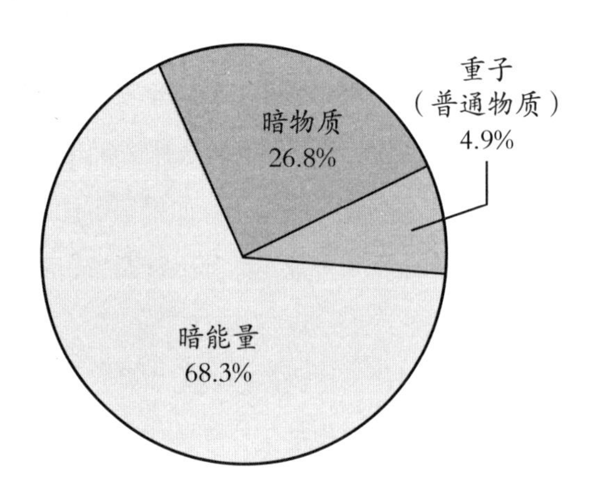


星系、恒星、行星、星际气体（星与星之间的气体），以及人类与各生命体等，都是由各种原子组成的。原子的主要成分质子与中子在基本粒子物理学界被称作重子。由重子构成的物质就是我们周遭的一切，也是我们非常熟识的物质。但是在构成宇宙的所有要素之中，重子占据的比例只有大约5%而已。

剩下的大约95%中，约27%是“肉眼看不见，却会让周围受引力影响的物质”，称作暗物质。由于它们不会释放光或无线电波，用望远镜等设备是看不见的。但因为会对周围产生引力，所以从20世纪70年代就有人对其进行了预想。因为人们在观察星系内恒星的动态及星系团内星系的动态时，发现好像有什么看不见的东西在用力拉扯着它们。

暗物质的真面目很可能是未知的基本粒子。不过它们是几乎不会与其他物质发生反应就穿透而过、仿佛幽灵般的基本粒子，想要捕捉它们就非常困难了。

现在，全世界的研究机构都在努力探究暗物质的真相，日本也不例外。东京大学宇宙射线研究所就在建于岐阜县飞驒市神冈矿山遗址的地下设施中，安装了一台名叫XMASS的装置，它能够捕捉来自宇宙的暗物质，研究正在稳步进行。探寻暗物质的竞争非常激烈，想必在不远的将来就能够查清它的真面目。

# 引发“第二次暴涨”的“暗能量”

构成宇宙的要素中，就算将重子和暗物质加起来，也只有32% 左右。剩下的大约 68%，才是占据了宇宙约七成的真正主角——暗能量。它的真面目尚未知晓。

确定暗能量存在还是 1998 年的事，真的可以说是最近才发现。美国与澳大利亚的两个研究团队通过研究超新星来探究过去的宇宙膨胀速度，发现宇宙膨胀的速度竟在渐渐加快，也就是膨胀加速了。引发加速的神秘元凶就是暗能量。

接下来就解释一下为什么能查出宇宙膨胀在加速吧。

较重的恒星会在一生的最后发生大爆炸，即超新星爆发。当星体处于超新星阶段时会发出非常明亮的光芒，持续数日至数周之久，之后逐渐变暗。其中有一种超新星叫 Ia 型超新星，当它达到峰值时的亮度在理论上讲，从每颗星球观测到的都是相等的。因此，当它达到峰值时，观测到的亮度越暗，就说明它离我们越远，并能通过计算求得超新星出现的星系与我们之间的距离。

距离我们 50 亿光年的星系会向我们展示宇宙在 50 亿年前的模样，而 100 亿光年之外的星系，则会向我们展示 100 亿年前的宇宙状态。所以，只要观测过去不同时代的星系，就能知晓相应时代的宇宙膨胀速度。

两个研究团队对过往的宇宙膨胀速度进行调查后，发现了意想不到的事实。宇宙膨胀的速度本应该越来越慢的，没想到从某个时间点开始，却快了起来。

大爆炸宇宙论认为宇宙自诞生以来，就进行着膨胀速度逐渐降低的减速膨胀。唯一的例外就是宇宙初期的暴涨膨胀，引起它的是真空能量，也就是空间本身所拥有的斥力（排斥之力）。既往的理论认为真空能量起到了与爱因斯坦假设的宇宙常数相同的效果，在激烈的加速膨胀结束后，全都转化成了热能，所以现在的宇宙中已经几乎没有残余。

研究团队得出的结论是：既然现在的宇宙正在进行加速膨胀，就说明肯定是真空能量在起作用。真空能量现在仍存在于宇宙中，并引发了第二次暴涨。不过这次膨胀是耗费数十亿年才扩大到两倍的缓慢加速膨胀，跟一瞬间就扩大几百位数值的宇宙初期急速膨胀有着本质区别。

即便如此，他们的发现还是非常令人震惊。宇宙膨胀在增速，就相当于向上抛一个苹果，正常来说会掉下来，可这次苹果反而逐渐增速往上升了。宇宙中竟发生了如此令人难以置信的事。2011 年，诺贝尔奖早早地颁给他们，也说明这个发现有多么厉害。

不过，令现在的宇宙进行加速膨胀的东西，也许是与真空能量性质略有差异的某种未知能量。而它现在还有个更加平易近人的名字，叫作暗能量。

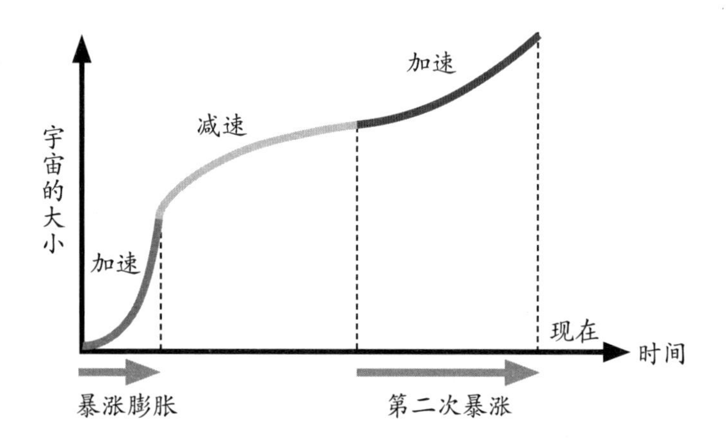


※本图仅为示意图，并未精准标示宇宙的大小与时间的比例尺。

## 暗能量之谜将打开物理学的下一道大门

现代宇宙论的最大谜团就是暗能量问题。按照正常思路，在宇宙初期引发暴涨膨胀的真空能量可能还留存在今天的宇宙中，使得宇宙膨胀再次加速起来。

假如真的如此，将现在宇宙中残存的真空能量值与理论求得的值相比照，会发现根据观测推算出的暗能量值一下子小了120位数。这个“太小问题（smallness problem）”已经被称作宇宙论中最严重的数值不匹配问题。

这个问题是由于真空能量“密度恒定”（见第109页）这一性质引发的。随着宇宙的膨胀，宇宙整体的真空能量总量在理论上是会逐渐增大的，但它与观测结果不一致。

于是乎，崭新的学说登场，该学说认为一种与真空能量类似、能量密度会随时间流逝而减少的未知能量才是暗能量的真面目。在首个提出的模型中，作者给这种未知能量起名叫第五元素（Quintessence）。这个词语是法语中的“quint（第五）”和“essence（元素）”两个词组成的。

在古希腊时代，人们认为地上的物质都是由土、风、水、火这四种元素组合构成的，而仅存在于天界的虚构元素便是第五元素 Quintessence。它的能量密度会随时间而减少的假设也确实能在大体上解释“太小问题”。不过这类模型大多数是为了迎合观测结果而对数值进行了适当调整，有时候甚至让人觉得是在凑数。

因此，暗能量的实质在目前来说还是未解之谜。但我个人认为暗能量之谜将是打开物理学新大门的钥匙。想要让物理学实现飞跃性的进步，就需要如此大规模的谜题。

现在，暗能量的研究者们正对过去的宇宙膨胀速度做更详细的研究，试图查清暗能量是如何随时间而变化的，其中之一便是由科维理 IPMU（东京大学国际高等研究所科维理宇宙物理学与数学研究机构）推进的“SuMiRe 计划”。

在这个计划中，研究者将使用日本引以为傲的斯巴鲁望远镜对数亿个星系的形状进行摄影，并测定我们与 100 万个星系之间的距离。如果星系之间的距离比预想的更远，就可以说那里的宇宙膨胀速度比较快。这也代表着，如果能查清过去各时代的宇宙膨胀速度，我们就能理解令宇宙加速膨胀的暗能量的性质，并从中归纳出它的实质。

如果能解开暗物质与暗能量之谜，我们对宇宙的真实面貌一定能有更深的理解。更进一步地说，就如同相对论的登场给物理学带来大幅革新一样，我们也可以期待暗能量之谜的解答能催生出革命性的物理理论。

我认为，就算有崭新的物理理论诞生，也不会将大爆炸宇宙论或暴涨理论彻底否定为错的。不过有一件事我可以断言——窥见前所未知的、更深层次的宇宙真理，总是令人无比期待。

# 超弦理论引领全新宇宙观

在发现宇宙加速膨胀现象的20世纪90年代末期，有一种将既有宇宙观彻底推翻、基于全新宇宙观的宇宙起源理论引发了热议。

那是一场围绕着名叫“膜宇宙论”的假说而展开的辩论。假说认为在我们的宇宙之外，还存在着更高维度的空间。

膜宇宙论的基础就是量子引力理论的强力候补——超弦理论，也是一种新式利器。先来简单解释一下这个理论吧。

超弦理论认为物质在不断细分之后，最终会变成超微观的“弦”。弦的长度为10的 -33 次方厘米左右。这个尺寸除非是高性能的电子显微镜，否则绝无可能观察到。这种超微观弦能通过振动变化为夸克、电子等各种基本粒子。请想象一下小提琴的琴弦振动起来能发出各种音色的情景吧。

超弦理论的特点之一就是这种理论要在九维空间中才能够成立。维就是维度，指的是方向。一维就像直线一样，仅有一种方向，而二维就像平面一样有两种方向。

我们熟知的空间中有前后、左右、上下这三种方向，称作三维空间。但是，当超微观弦振动起来变化为各种基本粒子的时候，振动的方向（也就是空间的维度）光三个还不够，超弦理论认为这需要在九维的空间（加上时间就是十维时空）才能够实现。

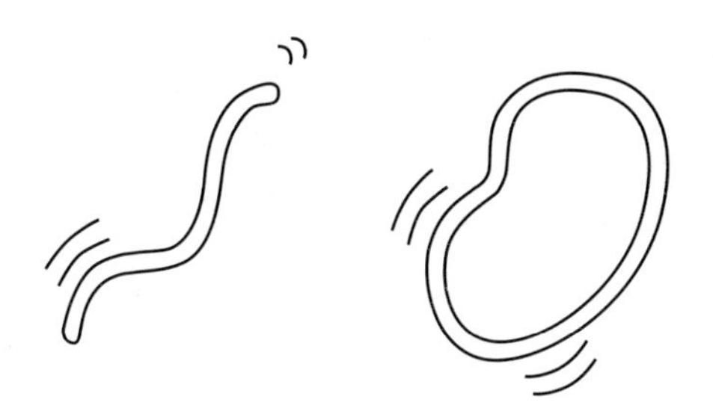

根据超弦理论，物质的终极微观构成要素是超微观的“弦”。弦可以朝着各种方向振动，并变化为各种基本粒子。

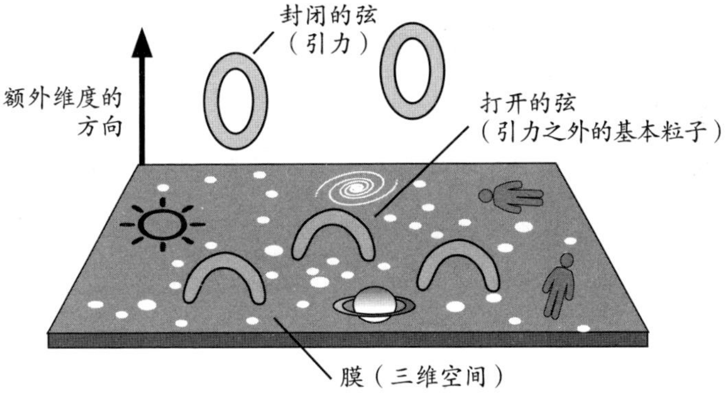

封闭的弦（引力）

额外维度的方向

打开的弦（引力之外的基本粒子）

膜（三维空间）

构建我们身体等物质的几乎全部基本粒子都是由打开的弦（有端的弦）组成的，而弦的两端都附着在膜上。不过构成引力的基本粒子是由封闭的弦（没有端的弦）组成的，可以朝着额外维度的方向运动。

但是，我们只认识三种空间维度，究竟为什么无法认识其余的六个维度（称作额外维度）呢?

这个原因众说纷纭，其中有个很具说服力的想法，认为我们是被困在了三维空间内。根据超弦理论，超微观弦的边缘必定会附着在名叫 Brane 的薄膜（类似于能量聚集体）上。这层膜的名称来自英语中的“薄膜（membrane）”一词。构建我们身体的几乎所有基本粒子（是通过弦的振动形成的）都附着在三维的膜上面，无法挣脱其束缚。因此，我们才只能认识三维空间。

举例来说，就好像一个漫画角色被画在二维的纸上，一直被困在二维的世界中。与此类似，因为我们被困在三维空间里，所以就无法意识到外面更广阔的高维度空间了。

## 我们的宇宙是一层“薄薄的膜”吗?

我们在前文中说了，由于能变化成基本粒子的超微观弦的边缘附着在膜上，致使我们无法认识额外维度。由基本粒子构成的不仅有我们的身体，还有恒星、星系，以及宇宙中存在的万物，它们全都附着在三维的膜上面。不过，只有传导引力的基本粒子是由“封闭的弦”构成的，它们没有两端，所以可以脱离三维的膜，向额外维度的方向移动。详细原理碍于篇幅这里只能先略过了。

不妨把我们的宇宙想象成一层膜吧。不论是恒星、星系，还是我们自己，宇宙内部的一切都被困在了三维的薄膜宇宙中，无法逃脱。于是乎，三维的宇宙从还有六个（后来也有理论认为是七个）额外维度的高维度空间看来，不存在额外维度上的厚度，可以说就是一层薄膜状的存在。

我们的宇宙从高维度空间看来就是一层“薄薄的膜”，在我们的宇宙之外，还有一片高维度的空间——如此不可思议的宇宙图景是在 1988 年被提出的。这就是“膜宇宙论”。

在第 4 章介绍的宇宙多重生产假说（见第 125 页）就认为宇宙不止一个，还存在我们的母宇宙、子宇宙甚至孙宇宙。而

## 卡拉比－丘流形

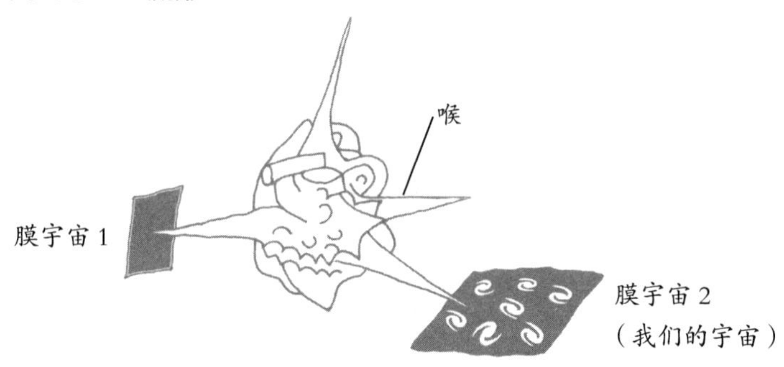


我们无法认识的维度（额外维度）会缠绕成这样的小小一团，称作“卡拉比－丘流形”。从流形中会伸出一种叫Throat（喉）的物体，连接起我们的宇宙（膜宇宙）和其他膜宇宙。也就是说，除了我们生活的宇宙以外，还存在许多其他的宇宙。

在膜宇宙论中，是通过另一种原理来向大家展现“宇宙不仅我们这一个，还存在其他无数个”的可能性。

宇宙在英语中叫 Universe，“Uni”就是“唯一”的意思。如果真的存在无数个宇宙，就不能用“Uni”来表达了，于是乎产生了意为多重宇宙的“Multiverse”一词。某个研究者认为总共存在 $10^{200}$~$10^{500}$ 个多重宇宙，简直令人瞠目结舌。

# 宇宙没有起源？也没有暗能量？

现在，有许多物理学家都在试图使用膜宇宙论来创建模型，从而统一地解释从宇宙创始、暴涨到现今加速膨胀状态的整个过程。其中有一种模型叫作“火劫宇宙模型”。

根据这种模型，两个膜宇宙会冲撞、反弹、膨胀，接着再次冲撞，并循环往复下去。两个膜之间的冲撞会导致大爆炸（在这种模型中被称作火劫大爆炸），而在靠近、冲撞的时候，膜会产生褶皱，这就是我们观察到的宇宙背景辐射的波动。“火劫（Ekpyrotic）”这个词源自希腊语中的“大火”。

在这种情形下，大爆炸会无数次地反复发生，宇宙没有起始也没有终点，永远在循环着。除此以外还产生了形形色色的猜想，比如“膜宇宙与反膜宇宙碰撞后二者会湮灭，产生的能量传导至别的膜宇宙，会引发暴涨”，等等。

另外还有种假说认为引力溢出到了额外维度才引发了宇宙的加速膨胀。我们在前面稍微提到过，只有传递引力的基本粒子才能沿着额外维度移动。这意味着引力能够传导到额外维度，即引力溢出。因此，我们宇宙中的引力变弱了，使宇宙膨胀减速的抑制力变弱了。况且，引力溢出还让膜上产生了一种张力，反过来成为宇宙膨胀的加速器。换句话说就是，“就算暗能量不存在，也足以解释为什么现在的宇宙膨胀在加速”。不过现在还无法肯定这个模型能否在不与宇宙论整体产生矛盾的前提下解释现在宇宙的加速膨胀。

基于相对论的宇宙论认为宇宙是唯一的存在，描绘出一幅以宇宙大爆炸为起始，并演化至今的图景。可是基于超弦理论的膜宇宙论试图将这种想法从根本上彻底推翻。

当然，基于膜宇宙论的这类假说，大多在理论上都不够完善。并且对它们来说，想要做出“假如这个模型正确，一定能在现实宇宙中找到既有理论无法解释的现象”这类崭新预言是非常困难的事。因此，我个人觉得膜宇宙论是一种尚且无法捉摸，并且很难评价的理论。

# 人类探索宇宙的努力仍将继续

“宇宙的95%都是不明物质”“宇宙并非一个，而有10的500次方个多重宇宙”“膜的冲撞导致宇宙在大爆炸中循环往复”，听到这些说法，大家做何感想呢？

“说来说去，我们对宇宙还不是几乎啥都不知道嘛！”

“你们难道不会像高喊着‘我们对宇宙一无所知！’的拉盖什星天文学家一样感到空虚吗？”

或许有人会这么想吧。

其实，宇宙论研究者恐怕没有一个人会感到空虚。

不如说是乐在其中。

“原来宇宙中还藏着这么多真相等着我们去发现啊！”这才是我们的想法。

“还好不会因没事可干丢了工作，谢天谢地。”说不定还有人松了口气呢。

并不局限于宇宙问题，就算是一般常识，也会随着人了解得越深而接连发现更多不懂的事或者新的谜团。我们常用球的体积和表面积来打比方。球的体积越大，表面积也越大。球代表知识，我们对宇宙的了解越多，即球的体积越大，代表与未知领域之间交界的表面积自然也会越大。

所以，我认为拉盖什星的天文学家并不是缺乏天文学的知识，而是从本质上就不算天文学家或者科学家。因为科学家面对未知事物一定会毫无畏惧地想“既然有未知事物，就让我解开它的谜团”，就好比登山家一定不会想“爬那座山太艰难了，还是算了”，而是会想“因为爬那座山会很艰难，所以才要攀登”。大家能理解这种感觉吗？

我们已经知晓了宇宙有多么广阔，所以人类对宇宙的探究恐怕永远都无法到达能够宣称“我全懂了！”的那一天。但是，正因如此，我们才更想了解宇宙。

和宇宙相比，如此微不足道的人类，居然能够用自创的科学语言将宇宙认识到这个程度，而且通过研究理解了“我们是谁”。人类在宇宙中稍纵即逝，却又是无限美好的存在。从今往后，人类对宇宙的探索与通过探索了解自身的努力定将永远继续下去。

# 第 6 章

## 宇宙将走向何方？

探索宇宙的未来形态

# 预测宇宙的未来并非“科学”

至此，我们完整聊过了宇宙过往的历史。那么使用本书中介绍的宇宙相关知识，还可以对宇宙未来的面貌进行一些预测。

比如，宇宙自诞生以来的 138 亿年间一直都在膨胀，它还会继续膨胀下去吗？有没有可能在未来的某个时刻停止膨胀，反而开始收缩呢？

让我先把话说在前面，像这种对宇宙未来的预测，很难称得上是科学。在宇宙的未来这一话题上，我们可以基于科学理论进行形形色色的思考，但现实中几乎没有以此编写的科学论文。因为我们肯定无法验证论文正确与否。

我们的下一个主题是对 100 亿年后、1000 亿年后，甚至 10 的几十次方年后的遥远未来宇宙进行预测。谁都没法给未来的事情打包票。更夸张一点说，连我们人类到时是否还留有子孙都无法保证。因此，我们绝无可能确认论文内容的正确性。既然无从确认，它就当然不是科学，而是纯粹的“杂谈”而已。

所以，接下来要聊的内容仅仅属于谈天说地或是科幻的范畴，请放松心情来阅读。

## 太阳与地球的未来①：太阳将变为红巨星

在讲宇宙整体的未来之前，先介绍一下我们身边的太阳与地球的未来预测吧。这是在50多亿年后的未来才会迎来的，太阳与地球的终局。

现在的太阳的中心部分，氢正通过核聚变变成氦（这被称作“氢燃烧”），同时释放出庞大的能量。处于这个状态的恒星一般认为是成年阶段，被称作主序星。一般认为太阳的主序星阶段还将持续50亿年。

之后，太阳的燃料氢元素会几乎全耗尽，中心大多只剩下燃烧的产物氦，因此中心部位会收缩一些，而物体收缩后一般来说温度会上升，太阳中心的温度也会上升。于是位于周边的尚未燃烧的氢会发生剧烈燃烧，释放出大量的热，使太阳表面产生膨胀。

由于膨胀的表面部分温度会下降，巨大化的太阳会显出红色。这样的恒星被称作“红巨星”。如果说主序星是壮年期的恒星，那么红巨星就可以说是迎来老年期的恒星了。

成为红巨星的太阳会耗费10亿年的时间，膨胀到直径约为现在的150倍。这意味着太阳的体积扩大到了现在的金星轨道上。因此，水星和金星恐怕都会被太阳吞噬并蒸发。成为红巨星的太阳表面会无限逼近地球，喷射出猛烈的高温气体，让地球变成如同火焰地狱般的世界。

成为红巨星的太阳中心部位会进一步收缩并提升温度，从现在算起的 60 亿年后将达到约 3 亿摄氏度（现在太阳中心部位约 1500 万摄氏度）。于是本为燃烧产物的氦也会发生核聚变，在化作碳或氧的同时产生能量。结果就是，中心部位的收缩会暂时停止，原本膨胀变得巨大的太阳表面会收缩到现在的十分之一左右。

氦的燃烧进展很迅速，只需要 1 亿年左右（从现在算起的 61 亿年后），中心部位就变成了氦燃尽所剩的碳氧集合体。接着，中心部位会开始再次收缩，并提升温度，周围的氦和氢发生剧烈燃烧，太阳再次开始膨胀，扩大到现在的 200~300 倍大。这个状态被称作渐进巨星支（又称：渐进红巨星、AGB 星），是太阳这个规模的恒星最晚年的形态。

此时，太阳的大小如果膨胀到 200 倍，就会来到地球公转轨道附近，300 倍就会逼近火星轨道。不过这时候，地球可能还不一定会被太阳吞噬。因为地球的公转轨道会变得比现在更大。太阳成为红巨星之后，表面会释放出大量气体，使太阳的质量大幅度减小，造成太阳的引力减小，绕它旋转的行星的公转轨道变大。不过就算地球没有被太阳吞噬，恐怕也早就被烤焦了，实际上就相当于死了。

# 太阳与地球的未来②：太阳将缩成极小的白矮星

渐进巨星支阶段的太阳变得非常不稳定，恒星整体在膨胀与收缩之间来回往复，向四周喷射出大量气体。因此，太阳的重量也会减少到现在的一半左右，裸露出高温的中心部位。用作燃料的氢与氦都用完了，中心只剩下碳和氧等元素，太阳会在自身重力的影响下进行缓慢收缩，不过收缩到了某个阶段就会停止。将物质压缩为超高密度的时候，电子之间会产生排斥力，就是这股力使得收缩停止。

此时，太阳（渐进巨星支的中心部位）会变得只有地球般大小，处于高温状态并闪耀白光，这个状态被称作白矮星。一般认为，从渐进巨星支阶段到白矮星只需要经过1000万年左右。

成为白矮星的太阳由于内部已经没有热源，会耗费数十亿年的时间缓慢冷却。

不过在太阳即将成为白矮星时，高温星体会释放出强烈的紫外线，使散布在四周的气体发生电离（原子或分子释放电子或吸收电子后变为离子）现象。于是气体会散发出五彩斑斓的美丽光芒，这种光芒被称作行星状星云。在望远镜性能还不够好的时代，这种闪耀着球状光芒的天体看上去与木星或土星差不多，曾被误认为是行星，实际上只是一团星云（气体），与行星并无关系。它的发光期间很短，大约为 1000 年到数万年。

又经过数十亿年后，白矮星的光芒也会消失，最终变成不发光的黑矮星，消失在宇宙的深渊中。我们认为这就是太阳的生命终结。

没有被太阳吞噬掉的行星，大概仍会围绕着成为黑矮星的太阳，几百亿年、几千亿年地，继续静静地公转下去。地球有可能会勉强留存下来，绕着“原太阳”半永久性地旋转下去，也有可能受轨道紊乱的影响，被弹射出太阳系，在恒星之间徘徊、徜徉。

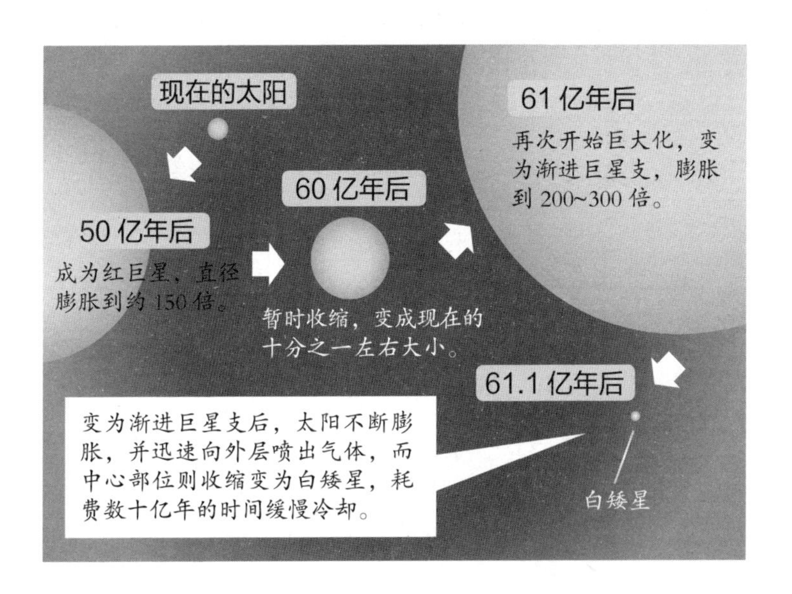

# 银河系的未来：银河系将与仙女星系碰撞

接着一起来看看包括太阳等1000亿颗恒星的银河系未来会变成什么样吧。

在序章中，我们说过银河系与仙女星系等大约30个星系组成了本星系群这个小集团。科学家们预想从现在算起的数十亿年后，本星系群中的星系会合成一体，变成一个巨大的星系。

读者之中也许有人会想起第1章中介绍过的哈勃－勒梅特定律，心想："星系不是会因为宇宙膨胀而互相远离吗？"但其实，宇宙膨胀产生影响的规模是在从属于不同星系团的星系之间。属于同一个星系团或星系群（数十个星系聚在一起为星系群，超过100个为星系团）的星系之间，引力的影响更显著，所以会逐渐靠近。

首先，10亿年后，银河系附近的大麦哲伦星云和小麦哲伦星云这两个小星系会被吸收。不过根据近年来的观测，大小麦哲伦星云的速度比预想的更快，说不定它们能甩开银河系的引力，在10亿年后离我们远去呢。另外，最新研究又预测说大小麦哲伦星云在数十亿年的尺度上终究会被银河系所吞噬。

接着，约40亿年后，拥有银河系两倍大小及恒星数量的庞大仙女星系会靠近银河系。银河系与仙女星系现在虽然相隔大约 230 万光年，但二者会因引力而互相吸引，以大约 300 千米 / 秒的超高速靠近。越是靠近，速度就越是加快，一直到两个星系发生碰撞，或者接近碰撞的大近合。

不过，就算银河系会与仙女星系碰撞或是大近合，也不会一下子就合为一体。根据模拟演算，两个星系会像舞蹈一般相互环绕两三个周期，再耗费数十亿年缓慢地混合起来。在这个过程中，星系里的恒星并不会卷成漂亮的旋涡，而是会各行其是地画出自己的轨道。

因此，银河系的旋涡状构造会消失，最终诞生出一个形状类似椭圆形的巨大椭圆星系。有人把这个新的星系称作银女星系（Milkomeda），即由银河（Milky Way）与仙女座（Andromeda）这两个词组合得来。

本星系群还有另一个巨大的旋涡星系“三角座星系”。科学家们预想这个星系也会在银河系与仙女星系碰撞的前后，加入这次碰撞、合并之中。

有的学说认为，银河系与仙女星系在碰撞、合并之时，碰撞的冲力会将太阳系弹飞，移动到距离新星系中心 10 万光年的地方。

现在，太阳系位于距离银河系中心约 26100 光年的地方，相当于银河的郊外。与这个数字相比，距离星系中心 10 万光年意味着就算新星系足够大，也已经飞到了相当偏僻的地方。

此外，一般还认为星系之间的碰撞，是不会影响到太阳系内部的。太阳系不会四分五裂，而是维持着原本的样子被弹飞。并且，就算星系之间发生碰撞，星系内的恒星之间也并不会撞上。因为星系中恒星间的距离差不多是“两个西瓜隔着太平洋”的程度，如此稀疏的分布，很难想象会有星球撞上。

所以，人类如果有幸活到那个时候，大概就能目睹银河系与仙女星系碰撞这一宏大的宇宙奇观了。

# 1000 亿年后……我们将只能看见自己的星系

这回该介绍一下宇宙整体的未来预想图景了。

宇宙整体的未来分为两个方向：是继续膨胀呢，还是在某个点停止膨胀，反过来开始收缩呢？根据不同情况会产生很大差异，关键取决于暗能量的性质。

我们在第 5 章中说过，现在的宇宙已经开始了一场名叫“第二次暴涨”的加速膨胀。如果暗能量的密度恒定且不变（见第 149 页），宇宙就会像这样永远加速膨胀下去。我们就先讨论一下这种情况吧。

从现在算起的 1000 亿年后，就算我们的子孙还住在前文介绍的银女星系的某处，他们也很有可能意识不到宇宙中还存在着自身所在星系以外的星系。因为不论在宇宙的哪一处寻找，都再也找不到其他星系了。

正如银河系与仙女星系等合并成巨大的椭圆星系那样，我们也可以预想到宇宙中其他的星系团及星系群中的星系在数百亿年后也都会进行合并。那么，这样的巨大合并星系还会进一步合并吗？答案是否定的，并且正相反，合并星系会随着宇宙的加速膨胀而互相逐渐远离。

在宇宙加速膨胀的情况下，在我们眼中看来越是遥远的星系，就越会远离我们，后退速度还会逐渐超过光速。这么一来，那个星系的光就照不过来了。如此发展，到了1000亿年后，不论是哪个星系的智慧生命都无法从宇宙观测到除自身所在星系之外的其他星系了。

更进一步地说，在1000亿年后的宇宙中，连宇宙背景辐射也没法观测到了。因为宇宙变得太大了，宇宙背景辐射的无线电波被拉得太长，会变得非常微弱。至少以我们现有的技术是无法观测到的。

由于观测不到宇宙背景辐射，我们的子孙或许会开始怀疑宇宙是否真的起源于大爆炸。“古老的神话说曾经存在一场大爆炸，可我们却无法通过科学来证明它。”他们会不会这么想呢？

# 100兆年后……所有恒星都将燃尽

让我们跳到更遥远的未来吧。在宇宙持续进行加速膨胀的时候，银女星系中也上演着恒星爆炸、气体飞散、再次聚集形成新星的轮回往复。可是，通过核聚变点亮恒星的原料是氢、氦等构成的气体，这些气体越来越少，诞生出的新星也会越来越少。

而到了100兆年后，所有的恒星都将燃尽。恒星越重，它的温度就越高，燃烧会更剧烈，也会更早地用尽燃料气体，所以轻恒星的寿命会更长一些。科学家认为最轻的恒星寿命能达到约100兆年。

100兆年后的银女星系中所残留的就只有恒星燃烧后的残渣——黑矮星、中子星与黑洞。比太阳更重的恒星在迎来寿命极限的时候，会发生超新星爆发，之后变成密度极高、引力极强的中子星。如果引力更强的话，恒星整体还会坍缩到一个点，连光都无法逃逸，黑洞就此诞生。

还有一个情况不得不提，那就是银女星系的中心部位存在着一个巨大的黑洞。巨大黑洞在吞噬周围冷却星球的过程中进一步成长壮大。而且，当巨大黑洞吸走坠落恒星的能量之后，周边的偏远恒星还有可能飞离银女星系。

最终，在100京年（10的18次方年，1京为1兆的10000倍）之后，包括银女星系在内的所有合并星系都会消失。这被称作星系蒸发。剩下的只有超巨大黑洞和飞离星系并漂泊在宇宙中的一部分星体。

# 10 的 100 次方年后……宇宙将迎来“永恒的垂暮”

到了更加遥远的未来，10 的 34 次方年或更久以后的宇宙，物质将从宇宙中彻底销声匿迹。

根据基本粒子的大统一理论，10 的 34 次方年以后，就连非常稳定的质子也会破碎，变成其他粒子。这被称作质子衰变。由于质子是构成原子核的粒子，质子衰变就代表着我们周遭的一切物质都会消亡。

此外，我用 10 的 34 次方年或更久以后的表述，是因为这个数值仅代表下限。质子寿命的推测值，也就是质子衰变开始发生的时间点，会随着大统一理论的模型发展有很大的变化。

这么一来，能残存在宇宙中的天体就只剩下黑洞了。因为黑洞不是物质，所以在质子衰变后还能存活下来。此外，光子（光的基本粒子）与电子等一部分基本粒子仍会继续存在。

最后残存的天体黑洞，也不是永恒的。科学家们认为在 10 的 100 次方年后，会发生黑洞蒸发的现象。

根据霍金所提出的“黑洞蒸发理论”，黑洞并不是只会吸收周围的物质并提高质量，它的质量也会减损。霍金将微观世界的物理法则量子论套用到黑洞身上，提出了黑洞可能会释放光并进行蒸发的预言。

不过，当黑洞很大的时候，蒸发的过程会非常缓慢。随着黑洞变小，蒸发的速度又会越发变快，质量骤减。到最后会进行急剧蒸发，并引发大爆炸。

位于合并星系中心的巨大黑洞想要全部蒸发，需要耗费长达 10 的 100 次方年。到那时，宇宙的各处都会发生剧烈的爆炸，一时之间被光芒所充斥。

不久之后，爆炸便会平息，连黑洞都消亡后的宇宙中只剩下光子、电子等粒子在飞舞，它将成为一个黑暗、冰冷、空虚的空间。虽然宇宙本身并不会消失，但也只会静静地膨胀下去，迎来永恒的“垂暮”。

## 宇宙若是收缩的情况①：宇宙的温度将逐渐上升

前面介绍的是宇宙永远膨胀下去的情况。宇宙的未来还有另一套剧本，那就是“宇宙膨胀停止后转为收缩的情况”。在这种情况下，宇宙最终会被压缩回一个点，称作“大坍缩”。

虽然我们认为现在的宇宙正处于暗能量导致的加速膨胀状态，但假如暗能量又发生了一次真空相变，就可能真的彻底消失。在这种“暗能量密度在将来会减小”的情况下，宇宙就可能会因引力而停止膨胀，并转而开始收缩。

（宇宙转为收缩的条件是暗能量随时间流逝而减少，并且宇宙的曲率为正。宇宙曲率为正指的是宇宙内部的物质或能量的总量超过“临界值”。）

如果说宇宙膨胀会在将来停止的话，那又会在什么时候停止呢？这压根儿没人知道。我们就假设宇宙会在从现在算起的 862 亿年后停止膨胀好了。138 亿年前宇宙诞生了，而诞生 1000 亿年后，宇宙停止膨胀，这样好理解一些。

862 亿年后的宇宙中所存在的银女星系等超巨大合并星系，此前还是在互相远去，当宇宙开始收缩之后，就会反过来互相靠近。一段时间后，合并星系之间会发生碰撞、合并。

随着宇宙收缩的进程，宇宙温度也会上升。现在的宇宙处于3K(-270℃)左右的极低温,到那时会变成正数的摄氏温度,并且进一步升高。再往后，黑矮星与中子星表面会开始蒸发，直到星球整体都蒸发成气体。唯一残存的天体只有黑洞，它们会一边吞噬四周的星球和气体，一边继续变大。

## 宇宙若是收缩的情况②：宇宙将被黑洞吞噬

来到大坍缩的前 1 秒或者前 0.001 秒时，连黑洞之间都会开始合并。从超巨大的黑洞到小黑洞，通通会接连合并。

终于，最后的一瞬间到来了。宇宙整体将以超巨大黑洞合为一体的形式，被压缩殆尽。这一步可以说是“黑洞吞噬了整个宇宙”或者“宇宙整体变成了黑洞”。这就是大坍缩的形态。

就这样，我们的宇宙从极微观的一个点诞生，经历 1000 亿年的膨胀，又经历 1000 亿年的收缩，再次回到一个点，结束了 2000 亿年的寿命。

那么，宇宙究竟是会永远膨胀下去，还是在某一天转为收缩并以大坍缩告终呢？

在 2018 年，科维理 IPMU 等国际研究团队使用斯巴鲁望远镜调查了暗物质的空间分布，并发表了对暗能量随时间变化的考察研究成果。根据这份报告的结论，宇宙的未来有可能是永远静静地膨胀下去，或者是膨胀急剧加速，迎来最终将原子都撕扯到四分五裂的“大撕裂”。不过，至少在今后的 1400 亿年内都不可能发生大撕裂。此外，宇宙转为收缩并迎来大坍缩的可能性极低。

本章到此为止讲述的都是基于大爆炸宇宙论对宇宙未来进行正统推演的观点。而在第5章介绍的膜宇宙论中，还有宇宙在多次大爆炸之间循环往复的火劫宇宙模型等，在这些理论下，宇宙的未来一定会截然不同。

我们人类连一年后的事情都无法准确预言，却在预想2000亿年后的大坍缩和10的100次方年后的黑洞蒸发，究竟有什么意义呢？应该有不少人会这么想吧？

说到底，就像本章开头声明的那样，预测宇宙未来连科学都不能算，顶多是饭后闲谈。但是，当我们要张开想象力的翅膀时，它一定能起到正面的意义。况且，在享受过一场遥远的未来与想象之旅后，再次回到日常与现实的世界时，大家难道不觉得身心之中已经有某些东西悄悄改变了吗？

# 写在最后

前阵子，我在面向一群高中生讲述宇宙的话题时，有一个学生说了这么一句话：

“宇宙总给我一种冰冷又机械化的感觉。”

这句发言着实让我有点震惊。我们这些宇宙的研究者，都认为宇宙就是我们自己所居住的世界。但对这名学生来说，宇宙的概念想必与我们自身完全没关系，像是另一个世界。而且抱有类似想法的人大概也不会少。

我们平日里确实会说“飞向宇宙”这种话，“宇宙”这个词听上去与我们生活的世界截然不同，像是另一种环境。但是，请大家变换一下视角：地球就处在宇宙之中啊。地球毫无疑问也是宇宙的一部分。

我们的确诞生于地球这颗星球之上，但同时，我们也身处宇宙之中，是在宇宙 138 亿年历史的节点所诞生的生命。我们是“地球人”的同时，也是“宇宙人”。我认为，只要拥有这样的思路或视角，大家对宇宙的看法或许就能改变。

了解宇宙的最大意义之一，就是“拓展视野”或者“改变视角”。

在平日里，我们的视野会无可避免地变狭窄，经常用偏颇的视角来审视事物。在这样的时刻，想想宇宙，就会发现我们正在为多么渺小的烦恼而愁眉不展，说不定又能换个心情投入工作中去了。此外，就好比从宇宙中观察地球那样，如果能以俯瞰整体的方式去思考问题，或许就能找到更适合整体的解决方案了。

而且，了解宇宙也能帮助我们认识到“世界上有许多肉眼不可见的东西,还有很多东西不能凭借人类的直觉来下结论”。人类总是倾向于眼见为实，有时人类的直觉也会比绞尽脑汁想出来的死道理更能准确参透事物的本质，但是太过依赖双眼和直觉还是很危险的。

本书的日文书名叫《14 岁开始的宇宙论》，14 岁其实可以说是“能够不再被双眼与直觉所蒙蔽，意识到世上有肉眼不可见、直觉行不通的事物存在”的年龄。宇宙正是一个超越了人类视力与直觉的世界。想要了解这样一个世界，必须拥有的是理性思考。本书中所介绍的众多新式利器，便是在理性思考下组装并精雕细磨而成的——它们就是我们所创造的伟大科学理论及设备。

话虽这么说，我们这群宇宙论研究者和天文学家其实并不是为了“拓展视野”或“了解肉眼不可见的世界”而对宇宙展开研究的。我们纯粹是被宇宙的奇妙所折服，对接二连三冒出来的谜团感到兴奋不已，才选择了直面宇宙（也不全是开心的事，很多时候会为了可怜的研究经费而忙于奔波，或者为写不出好论文而烦恼不已）。

要说我们的愿望是什么，那当然是“希望大家喜欢上宇宙”。就不说“能派上什么用处”这种话了，我们只希望将充满无限魅力的宇宙介绍给大家，并期待大家也能喜欢上宇宙。

天文学是人类最古老的学问之一。说不定人类的身体里有一种遗传因子就承载着“想要了解宇宙”或者“对宇宙充满好奇”的信息。当大家开始了解宇宙并喜欢上宇宙时，一定也会更加热爱为宇宙苦思冥想至今的人类。

希望能通过这本薄薄的小书，让大家都更喜欢宇宙和人类。我怀着这份愿望，就此结束此书。

# 文库版后记

本书的原版单行本出版于 2015 年 10 月，至 2019 年 5 月已经过去了三年半的时间。在这段时间里，有了好几个跟宇宙论密切相关的大发现。它们每一个都值得记录在天文学史和物理学史的金字塔尖。我将在这篇“文库版后记”中对其一一进行介绍。

## 首次成功观测到引力波（2016 年）

首先，在 2016 年 2 月，有了“首次成功观测到引力波”的好消息。美国国家科学基金会与国际研究团队发布了“使用美国的引力波望远镜 LIGO，史上首次成功观测到两个黑洞合并而产生的引力波”的成果。观测到引力波的时间是 2015 年 9 月，他们又耗费了大约 5 个月对数据进行慎重分析，才确认结果无误，是观测到了真正的引力波。

关于引力波的知识，在本书的第 117 页介绍过。引力波是以光速传导引力变化情形的一种波。由于引力是“引发空间扭曲的现象”，所以引力波也可以说是传递空间扭曲程度变迁的波。

预测引力波存在的人便是著名的爱因斯坦。爱因斯坦基于广义相对论，在 1916 年预言了存在能够传导引力变化情形的波。引力波的首次观测结果恰巧发表于爱因斯坦预言的 100 年后。

耗费整整 100 年，全都因为引力波是一种非常弱的波。引力波是物体在做加速运动时产生的，就算挥动一下手臂也能产生引力波，但这样的引力波太过微弱，是绝对观测不出来的。只有非常重的恒星在结束一生时产生超新星爆发，诞生出中子星或黑洞的时候，或者两颗中子星乃至黑洞在碰撞、合并的时候，这些非常剧烈的天文现象所引发的强烈引力波才能勉强被观测到。

两个黑洞一边靠近一边释放引力波的示意图

（图源：LIGO/T.Pyle）

我们首次观测到的引力波是黑洞合并时产生的。这道引力波传至地球的时候，因其影响，空间产生了细微的伸缩，被引力波望远镜 LIGO 捕捉到了。伸缩的程度相当于地球到太阳的距离（约 1.5 亿千米）中有一个氢原子（约一千万分之一毫米）大小的“涟漪”。科学家必须捕捉如此微小的变化才能得出结论，大家应该能理解观测引力波是多么困难的一件事了吧？

为表彰首次观测到引力波，2017 年的诺贝尔物理学奖颁发给了领导研究团队的三名科学家（雷纳·韦斯、巴里·巴里什、基普·索恩）。从成果发表到颁奖的间隔如此之短，在诺贝尔奖中也属史无前例。从这个侧面也能看出首次观测到引力波给天文学与物理学带来了多么大的震撼（顺带一提，引力波的存在是在 20 世纪 70 年代就通过“脉冲双星的公转周期变化”现象被间接证明出来的。这次是成功直接观测到了引力波本身）。

### 首次观测到引力波的三重意义

首次观测到引力波有什么意义呢？在此我列举出三点。

第一点，首次观测到引力波，并直接确认引力波的存在，本身就具有历史性的意义。引力波的存在与黑洞、宇宙膨胀等同属广义相对论所推导出的预言，也是最后才得以证实的现象。更何况，黑洞与宇宙膨胀是其他科学家所预言的，而引力波则是广义相对论的提出者爱因斯坦亲自预言的，所以“爱因斯坦留下的最后一道题，耗费 100 年才得到解答”本身就值得热议。

第二点，广义相对论的正确性再次得以证明。至今以来，广义相对论已经对真实宇宙中的种种现象进行了准确的解释，但这些验证也仅局限于较弱的引力场（引力不怎么强的情况）条件下。而黑洞合并则是处于极强引力作用下的现象，在如此极端的条件下，广义相对论是否依然是正确的呢？在此之前还从未得以实证。而这一次，广义相对论的预言没有出错，我们观测到了引力波，说明就算在强大的引力场下，广义相对论仍然能够成立。

本书中还提到过宇宙中存在大量神秘的暗物质与暗能量（请参考本书的第 5 章）。有一些研究者认为，只要对广义相对论做一点点修改，不必假设暗物质、暗能量等未知概念，也能够充分地对真实的宇宙状态进行描述。可是首次成功观测到引力波再次验证了广义相对论是极其正确的，并不能够轻易更改。

第三点，它创设了一种通过引力波来观测宇宙的“引力波天文学”。引力波有一种特点，它不会受其他物质的干扰，不论有什么东西都能穿透过去。举例来说，当超新星爆发制造出一个黑洞的时候，黑洞的四周都会被高温气体充斥，于是电磁波也会被这些气体吸收，我们就无法观测到这时的光与无线电波。但是，黑洞诞生时释放出的引力波会穿过高温气体一直传导到我们身边。此前我们对超新星爆发的机制只能说是粗略了解，但不明白星体中发生的具体变化。不过在今后，通过观测引力波，我们就有可能目睹黑洞诞生的瞬间了。

### 从中子星双星系统首次观测到引力波（2017 年）

在首次观测到引力波之后，我们又观测到了好几次引力波。在 2017 年 8 月，我们第五次观测到了结论可靠的引力波，并且被证实为两颗中子星（中子星双星系统）发生碰撞、合并时产生的引力波。此前观测到的引力波都是两个黑洞（双黑洞系统）合并产生的。

理论上认为，中子星合并的时候，不仅会释放出引力波，还会释放出各种各样的电磁波。实际上我们也观测到了两颗中子星合并大约 2 秒后就发生了“短暂伽马射线暴”的爆炸现象。伽马射线暴是宇宙中最强的爆炸现象，它的发生机制还存在许多不明确的点，但这次的观测结果很可能会成为探究短暂伽马射线暴（仅限持续时间很短的情况下）起源的重大线索。

又经过半天后，合并产生的新天体诞生，会爆发性地释放出可见光与红外线，这种被称作“千新星”的现象也是首次被捕捉到。科学家认为出现千新星时，会发生制造出金、铂、铀等重元素的反应。金等重元素在宇宙中是如何诞生这一问题在此之前并无答案。这次的观测结果给予了我们“中子星合并时发生的千新星现象制造了金等元素”的启示。

### KAGRA 正式开始运作，太空引力波望远镜的建设也提上日程

想要进一步发展引力波天文学与多信使天文学，我们需要多台引力波望远镜。现在，世界上的引力波望远镜除了 LIGO 还有欧洲的 Virgo、日本的 KAGRA（KAmioka GRAvitational wave telescope，神冈引力波望远镜）。通过配置于全球的多台引力波望远镜进行同时观测，才能准确地探测到引力波的发生源。日本的 KAGRA 现在处于最终调整阶段，预定将于 2019 年内加入 LIGO 与 Virgo 正在进行的协作观测中，正式开始运作。

引力波天文学还有一个更深远的使命。那就是本书中曾介绍过的——观测宇宙诞生时发出的原始引力波，直击宇宙起源之谜。原始引力波并不是个别天体运动时产生的，而是诞生伊始的宇宙在急速膨胀（暴涨）时产生的引力波。如果能观测到原始引力波，就能直接研究暴涨的情形，并直击宇宙诞生之谜。

可是，原始引力波受暴涨的影响，已经被拉得非常长，光靠 LIGO 或 KAGRA 等建造在地球上的引力波望远镜是无法观测到的。因此，有必要在宇宙空间中建造观测原始引力波专用的“太空引力波望远镜”。欧洲的“LISA”计划与日本的“DECIGO”计划等已经在研究具体方案了。太空引力波望远镜真的被发

射上天并开始观测，恐怕会是十多年后的事情了。我相信，人类能够在本世纪内观测到原始引力波，并无限逼近宇宙起源之谜。

（图源：EHT Collaboration）

### 首次成功拍摄到黑洞（2019年）

2019年4月，我们又获悉了名留天文学史的重大进展。史上首次成功拍摄到黑洞的消息得以公开。与首次观测到引力波时一样，这个消息受到了电视与报刊的追捧，想必有很多人也看过相关新闻。

上面的图片是对距离地球约5500万光年的超巨大星系

“M87”中心的黑洞进行可视化处理后获得的照片。环状区域中间的“黑色孔洞”部分又被称作“黑洞之影”。

有光通过黑洞身边时，光会被黑洞的强大引力捕获，在黑洞周围环绕几圈之后，被黑洞吞噬。因此，从地球看去是黑色的部分，便是黑洞之影。而在稍稍远离黑洞中心部位所穿行的光芒，就是在黑洞周围环绕了几圈之后又到达地球的光。所以那里看上去才像一个环状的明亮区域。

成功拍摄到黑洞归功于包括日本科学家在内的200名全球研究者所参加的国际计划“事件视界望远镜（Event Horizon Telescope/EHT）”。Event Horizon的中文名就是“事件视界”，指黑洞表面（黑洞之影中有大约40%是事件视界）。在EHT计划中，科学家将位于世界各地的8个射电望远镜连接起来，以相当于人类300万倍的视力对黑洞进行观测，并且以超高分辨率描绘出了它的模样（影子）。

根据对黑洞周围星体与气体的运动状态及前文说过的双黑洞系统合并释放出的引力波等进行观测，我们侧面证实了黑洞的存在。但在此前没有任何人真的“看到了”黑洞的模样。而这一回，人类终于第一次见到了黑洞的真面目，这真是令人欢欣鼓舞。

其实，EHT计划还把位于银河系中心的巨大黑洞也拍摄了下来，数据正在进一步分析中。我也非常期待分析的结果。如果对星系中心黑洞进行详细调查，就能对星系如何诞生于宇宙长河这一星系进化之谜了解更多，并进一步推动宇宙论发展。另外，我们还可以期待星系中心黑洞与星系核球喷射出的相对论性喷流（细碎的等离子气体喷流）之间的关系得以破解。

参与本次观测的射电望远镜不包括日本国内的设备，但日美欧合作制造的ALMA望远镜（位于南美洲的智利）成为计划的中坚力量。当然，也有许多日本天文学家参与其中。现在日本的天文学家数量（国际天文学联合会的会员数）仅次于美国和法国，位于世界第三，而且年轻的日本研究者也越发崭露头角，真的非常出色。

引力波与黑洞在过去都仅仅存在于理论之中，它们的实际观测都属于天文学的伟大发展成果。宇宙论曾经是个理论先行的学科，到了今天，基于观测的宇宙论取得了迅速的进展。我衷心期待着本书的年轻读者中也能涌现出探索宇宙起源这一终极谜题，并牢牢抓住观测性证据的人。

图书在版编目（CIP）数据

给孩子讲宇宙的故事 /（日）佐藤胜彦著；吴曦译
. — 北京：北京联合出版公司，2021.7（2022.8 重印）
ISBN 978-7-5596-5280-5

Ⅰ. ①给… Ⅱ. ①佐… ②吴… Ⅲ. ①宇宙—少儿读
物 Ⅳ. ① P159-49

中国版本图书馆 CIP 数据核字（2021）第 083422 号

北京市版权局著作权合同登记 图字：01-2021-2406



给孩子讲宇宙的故事

作　　者：（日）佐藤胜彦
译　　者：吴　曦
出 品 人：赵红仕
责任编辑：夏应鹏
装帧设计：仙　境

---

北京联合出版公司出版
（北京市西城区德外大街 83 号 9 层　100088）
嘉业印刷（天津）有限公司印刷　新华书店经销
字数 120 千字　840 毫米 ×1194 毫米　1/32　6.75 印张
2021 年 7 月第 1 版　2022 年 8 月第 3 次印刷
ISBN 978-7-5596-5280-5
定价：49.80 元

---

原作名：《14 歳からの宇宙論》
作者：佐藤勝彦
日语版编辑：中村俊宏